科学の眼で大自然のふしぎをめぐる旅へ──

地球はときに言葉を失うほど美しい絶景をつくりだします。
この本では、みなさんが学校で学ぶ「理科」を使って絶景の
なぞを解き明かしていきます。地形や自然現象を科学的な眼で
見ることができるようになると、地球はとっても面白いですよ。
この本をきっかけに、みなさんが理科を学ぶ楽しさを
感じてくれることを願っています。

新井田秀一
神奈川県立　生命の星・地球博物館　主任学芸員

理科が楽しくなる
大自然のふしぎ

監修 神奈川県立 生命の星・地球博物館

Gakken

1章 大地（だいち）

- 火山と噴火　おそるべきマグマの怒り……6
- 火口とカルデラ　火口にせまるあやしい湖……10
- 温泉のふしぎ　空を見つめる虹色のひとみ……14
- 柱状節理とマグマ　空に向かってつき出す岩山……18
- カルスト地形　地下に広がる白亜の迷宮……22
- 堆積岩がつくる景色　地平線の下に重なるしま模様……26

2章 宇宙（うちゅう）

- 日食と月食　大地に闇を連れて来る黒い太陽……32
- オーロラのしくみ　地球を守る戦いの光……36
- クレーターといん石　砂ばくになぞの巨大競技場？……40
- すい星と流星　大空をかける太陽系のタイムカプセル……44
- 天の川の正体　夜空にかかる光の帯……48

3章 水（みず）

- 潮の満ち引き　しずみゆく巨大遺跡？……54
- 川のはたらき　岩山を囲むドーナツ池？……58
- 滝のひみつ　水けむりにとどろく悪魔のうなり声……62
- 氷河の力　ごう音とともにくずれ落ちる巨大な氷の柱……66
- 塩湖のふしぎ　天空にうかぶ鏡の国……70
- 青い水のひみつ　サンゴ礁に現れた紺ぺきの穴……74

4章 気象

- スーパーセルと竜巻　大嵐を連れて来る不気味なUFO？……80
- 氷と雪の現象　湖にさき競う氷の花……84
- しんきろうのふしぎ　水平線から顔を出した光のつぼ!?……88
- 虹のしくみ　ヘリコプターの前に現れたまるい虹……92
- 大気中の氷と光の現象　朝日とともに出現した魔法の光……96

5章 生き物

- サンゴ礁の世界　命をはぐくむ海のネックレス……102
- 群れをつくる理由　集まる・群れる・いっしょに動く……106
- 生き物の巨大建築　サバンナにそびえる土のタワー……110
- 植物のいっせい開花　砂ばくに出現した花のじゅうたん……114
- 環境と樹形　ふしぎな島のふしぎな樹木……118
- 発光する生き物　自然界のイルミネーション……122

さくいん……126

北極海
グリーンランド
北アメリカ大陸
グランドプリズマティックスプリング（アメリカ） p14,16
オールドフェイスフルガイザー（アメリカ） p16
デビルズタワー（アメリカ） p18,20
太平洋
フライガイザー（アメリカ） p17
グランドキャニオン（アメリカ） p26,28
キラウエア山（アメリカ） p9
大西洋
グラン・セノーテ（メキシコ） p22,24
ハワイ諸島
カリブ海
南アメリカ大陸
カルブコ山（チリ） p9
ニュージーランド
南極海

桜島（日本・鹿児島県）

リンジャニカルデラ（インドネシア）

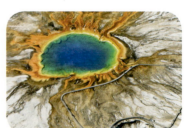

グランドプリズマティックスプリング（アメリカ）

デビルズタワー（アメリカ）

グラン・セノーテ（メキシコ）

グランドキャニオン（アメリカ）

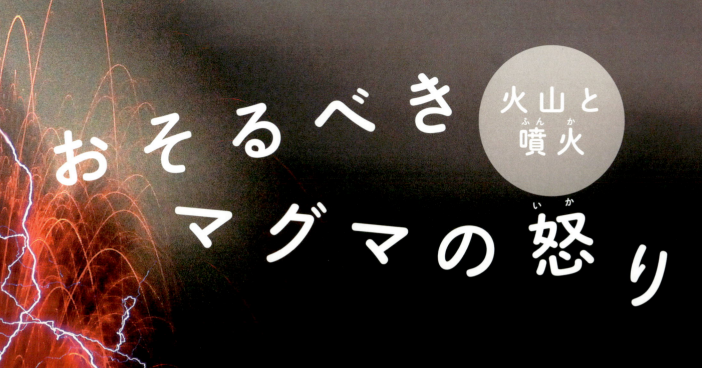

おそるべきマグマの怒り

火山と噴火

ドドドドドドーン
足元をゆさぶるような地ひびきとともに
真っ赤な岩のかたまりがふき上がった。
すると、バリバリバリッ。いなびかりとともに、
世界をたたき割るような激しい音が、とどろいた。
雨雲もないのに、なぜだろう。

桜島の噴火(日本・鹿児島県)
2009年12月のある夜に写された噴火のようす。上空に赤くふき上がっているのは、火山弾(→8ページ)。火口からは真っ赤になった岩のかたまりが転がり落ちている。あちこちでいなずまが光り、周囲の噴煙が黒くうかび上がった。

雷の原因は火山灰だった！

噴煙柱 火山灰を大量にふくみ、熱で上昇する。

噴煙 火口からふき上がる煙。

火山雷 静電気を帯びた火山灰の放電現象。

火砕物 軽石や火山灰など。

溶岩流 溶岩の流れ。

火山弾 完全に固まる前のマグマの破片。

溶岩ドーム ねばり気のある溶岩が火口にもり上がる。

溶岩噴泉 火口からふき上がる溶岩。

溶岩 地表に現れたマグマ。

火道 マグマの通り道。

火砕流 高速で斜面を下る火砕物の流れ。

マグマだまり マグマが上昇し地下数km〜数十kmにたまっている。

火山のつくりと噴火活動

噴火は、地下深くにあるマントル＊が圧力や温度の変化によってとけ出し、マグマとなって地殻の割れ目などからふき出す現象です。地上に出るとき圧力が急降下するので、まるでよくふったコーラのせんをポンとぬいたときのように、火山ガスと噴煙を勢いよくふき出します。このとき、火砕物や溶岩などを地上にまき散らすのです。

噴煙が多いときには、しばしば噴煙柱のまわりに雷（火山雷）が発生します。巻き上がる灰や砂れきがこすれ合って強い静電気が発生し、これが放電＊するときに、バリバリッと音がして、いなずまが走るのです。

③ ふき出したマグマが積もって山をつくる！
ストロンボリ式噴火
（イタリア・エトナ山）

火口を中心に、あまりねばり気のないマグマのしぶきがシャワーのようにふき出す。ひんぱんに噴火を起こし、火砕丘という火口のある小山をつくる。

④ ドドーンと爆発するブルカノ式噴火
（日本・桜島）

ねばり気のあるマグマが火口でいったんかたまると、地下のマグマによって圧力が高まり爆発的な噴火を起こす。2011年には桜島は1000回近くの爆発を記録した。大きな噴火の場合、噴煙の高さは5000m以上に達する。

用語解説 マントル●地面や海底をつくる地殻の下にある岩石のぶ厚い層。地球の主要な部分で、固体だがゆっくりと対流し、圧力などによりマグマができる。　放電●たまっていた電気が一気に流れること。

爆発的な噴火のようす

地下のマグマのねばり気が弱ければ爆発はおだやかで、ねばり気が強いと爆発的な噴火になります。
アイスランド式はねばり気が弱く、順にハワイ式、ストロンボリ式、ブルカノ式、プリニー式と、噴出するマグマのねばり気が強くなり、激しい噴火になる傾向があります。

② 噴水のようにマグマをふき出す！
ハワイ式噴火
（アメリカ・キラウエア山）

山頂や山腹の割れ目から、ねばり気の弱いマグマを噴水のようにふき出す。溶岩が火口からあふれ、ゆっくり海に流れ落ちるところを見学できることもある。

① さらさらのマグマが割れ目から流れ出す！
アイスランド式噴火
（アイスランド・バルダルブンガ山）

アイスランドは地下からプレート（→72ページ）が生まれ分かれる場所。この噴火では、長さ1500mの割れ目からねばり気の弱いマグマが流れ出した。

マグマのねばり気の強さ

① ② ③ ④ ⑤
おだやか ← 噴火 → 激しい
弱 ← マグマのねばり気 → 強

⑤ おそろしい勢いで空高く噴煙が広がる
プリニー式噴火
（チリ・カルブコ山）

2015年に、約54年ぶりに大噴火を起こした。中心の火口から火砕物を大量にふくむ噴煙柱が、キノコ雲のように大きく広がり、高さは1万5000mに達した。広い範囲に多量の軽石や火山灰が積もって、あちこちに火砕流が流れた。

| 1章 | 大地 |

火口にせまる あやしい湖

火口とカルデラ

赤茶色に焼けた岩のかべの手前に
小さく口を開けた火口。
そのまわりには、青い大空を映した
エメラルドグリーンの水。
まるで別の惑星に来たような景色。
どうすれば、こんな絶景ができるのだろう。

リンジャニカルデラ
（インドネシア・ロンボク島）

インドネシアは日本と同じように、大小の島が弓の形に連なった火山列島。リンジャニ山の標高は3726mで、富士山とほぼ同じ。奥にそびえる断崖をよく見ると横にすじが走り、火山灰が積もった地層らしいことがわかる。

1章 | 大地 | 11

湖は巨大な火口そのものだった！

ISS（国際宇宙ステーション）からリンジャニ山を見ると、大きなくぼ地に水がたまっているようすがわかります。くぼ地の真ん中だけでなく、外側のかべの左上にも火口が見えています。火山活動によってできたこのようなくぼ地を、カルデラとよびます。

提供：Earth Science and Remote Sensing Unit, NASA Johnson Space Center ISS005-E-15296（http://eol.jsc.nasa.gov）

10-11ページの絶景は、ここから見ているよ！

かん没カルデラのでき方の例

① マグマの活動が活発になり、噴火が始まって、溶岩や火山灰が大量に噴出する。

② 別の火口ができて、噴火が大規模になると、地下のマグマの量が減って、山を支えきれず、かん没する。

③ 頂上近くが大きくへこみ、平らなカルデラができる。カルデラのふちは、切り立った外輪山になる。

④ 中で新しい噴火が始まると、中央火口丘ができる。雨などで水がたまるとカルデラ湖となり、中央火口丘は島になる。

世界の絶景カルデラ

噴火はダイナミックな地形をつくります。カルデラ地形もその1つ。そのなかには、観光地として多くの人が訪れる絶景もあります。

カルデラの見本のような絶海のはなれ島
青ヶ島（日本・東京都）

東京から南へ358km。太平洋にうかぶ青ヶ島は、中央が大きくへこんだカルデラの島。カルデラの直径は約1.5～1.7kmで、中央に120mほど盛り上がった丸山という中央火口丘がある。大きな噴火は、丸山ができた18世紀が最後。

提供：Earth Science and Remote Sensing Unit, NASA Johnson Space Center ISS033-E-22852 (http://eol.jsc.nasa.gov)

広大なカルデラの中に5万人もの人が暮らす
阿蘇カルデラ（日本・熊本県）

　九州の中央にある。27万〜9万年前の4回にわたる超巨大噴火によって、南北約25km、東西約17kmの広大なカルデラができた。中央火口丘の中岳は現在も活動を続けている。カルデラ内には約5万人がくらしている。写真は中央火口丘から外輪山をのぞむ。

外輪山のふちに立つエーゲ海の観光地
サントリーニカルデラ（ギリシャ）

　青い海と空、白いかべの街並みで人気の観光地。島はしずんだカルデラの外輪山の一部で、斜面にホテルや教会が建ち並んでいる。紀元前17世紀ごろの大噴火で大量のマグマや火山灰を噴出。カルデラが海にしずみ、その後中央火口丘としてネアカメニ島などができた。写真はサントリーニ島からネアカメニ島を見た光景。

提供：NASA/GSFC/METI/ERSDAC/JAROS, and U.S./Japan ASTER Science Team

海につき出たカルデラのかけら
ボールズピラミッド（オーストラリア）

　オーストラリア大陸の東約600kmのタスマン海に、するどくつき出た溶岩の島。640万年前にできた、なだらかな火山とカルデラが、海にしずむ途中で波にけずられ、溶岩のふちだけが残り切り立った岩になった。

空を見つめる

グランドプリズマティックスプリング
(アメリカ・イエローストーン国立公園)

イエローストーンは北アメリカ大陸最大の火山地帯で、アメリカでとても人気のある国立公園。約64万年前の超巨大噴火でできた、直径約50kmという巨大なカルデラの中に、動物や植物、さまざまな温泉など豊かな自然が見られる。地下20km〜50kmには、世界最大のマグマだまりがあるといわれている。

温泉のふしぎ

虹色のひとみ

そのひとみの色は、天才画家が一心不乱に描き上げたような強烈つな虹色だ。
ぐりっと開いた大地の穴から、大空を見つめているよ。
自然はどうやってこんな色をつくるのだろう。

虹色は温泉と微生物のコラボレーションだった！

　朝、グランドプリズマティックスプリングに近づいてみると、湯気がもうもうと立っていました。水温は約70℃。ここは、巨大な温泉だったのです。

　ふちの色が変化するのは、温泉藻ともよばれる藻類やバクテリア（細菌）のしわざです。水温や気温、日光の当たり方などによって、温泉藻などがつくり出す色素が赤、オレンジ、黄色、そして緑へと変化するのです。

　池の中心は温度が高すぎて生き物がすめません。中心が真っ青なのは、日光が水に吸収され、残った青色の光だけが見えるからです（→76ページ）。

温泉の水はどこからくるの？

　温泉は火山地帯でよく見られます。地中のマグマからまわりの岩石に熱が伝わり、地下水をあたためて温泉となります。また、熱水や水蒸気が直接マグマから発生し、温泉になることもあります。

　温泉では、地下にある高温の岩石によって地下水がふっとうし、爆発的に増えた体積の圧力によって、熱水が一気にふき上がる現象も見られます。これは間欠泉とよばれ、一定の間かくで噴出をくり返します。

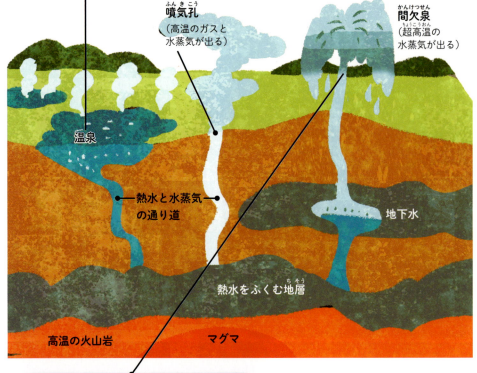

オールドフェイスフルガイザー（アメリカ）

イエローストーン国立公園にある大きな間欠泉。平均して1時間半に一度、30m～55mの高さに熱水と水蒸気を数分間ふき上げる。間かくがほぼ一定なことから、オールドフェイスフル（まじめなじいさん）とよばれる。

人と温泉がつくり出す世界の絶景

人が昔から温泉を楽しんでいたことは、古代の日本やローマ帝国の歴史書にも書かれています。
温泉にまつわるめずらしい風景を紹介しましょう。

世界最大の露天温泉
ブルーラグーン（アイスランド）

火山の島アイスランドにある巨大温泉施設。アイスランドは熱水を利用した地熱発電が発達し、この施設も地熱発電所がくみ上げて使った熱水を使用している。深さは最大1.4m。25mプール14個分くらいの広さがある。

日本一の温泉街 別府温泉（日本・大分県）

わき出る温泉の数、お湯の量ともに日本有数の温泉。火山の東側にひらけた扇状地（→61ページ）に、いくつもの温泉街がひしめいている。赤い湯の血の池地獄、熱い泥がふき出す鬼石坊主地獄など、温泉の池があちこちにある。夜は湯気をライトアップ。年間800万人もの観光客でにぎわう。

虹色にかがやく温泉の塔
フライガイザー（アメリカ）

100年くらい前、井戸をほっていたら熱水がとつぜんわき出して、この岩の塔ができた。現在の高さは3mほど。岩は熱水にとけこんだ地下の鉱物が地上で固まったもの。緑やオレンジの色は、温泉藻のしわざ。間欠泉ではなく、たえず熱水がふき出している。

| 1章 | 大地 | 17

柱状節理（ちゅうじょうせつり）とマグマ

空に向かって つき出す岩山

まるでケーキの生クリームをしぼり出したように、
地面から大空に向かってぐにゅーっと岩がつき出しているよ。
岩はだに、縦のすじが何本も走っているね。
高さは東京タワーよりも少し高いくらい。
さてこの山、どうやってできたのかな。

デビルズタワー（アメリカ）
アメリカ合衆国のワイオミング州にある岩山。ふもとから頂上までは386m。岩で遊んでいた少女たちが巨大なクマにおそわれ、そのときの爪あとが岩に刻まれたという、先住民の伝説がある。

デビルズタワーができるまで

① なだらかな平地に地下からマグマが上昇し、堆積岩（→28ページ）の地層に入りこむ。

② マグマはしだいに冷えて固まり、大きな火山岩となって地中に残る。

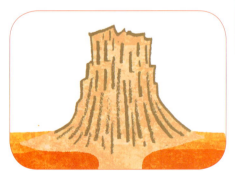

③ 雨や風で、まわりのやわらかい堆積岩がけずられ、かたい火山岩が地上に顔を出す。

④ 数百万年かけて大地が盛り上がり、一方でまわりの堆積岩がけずられて、デビルズタワーが残った。

用語解説 火山岩●マグマが地表や地表近くで急に冷えて固まった岩石。

下にある写真は、デビルズタワーのふもとです。そびえ立つ岩には、縦にたくさんのすじが入っています。くずれ落ちた岩をよく見ると、折れた面が六角形や五角形をしています。なぜ、こんなふしぎな岩山ができたのでしょう。

そのひみつにせまるには、およそ7000万年前の白亜紀という時代までさかのぼらなくてはなりません。まだ地上に恐竜が生きていた時代に、地球内部の活動が活発になり、このあたりの大地が、ぐんぐん盛り上がりました。それから、左の図のようにまわりがけずられてできたと考えられています。

六角形の岩のひみつ 柱状節理のでき方

デビルズタワーの岩石のように、柱のような形の岩がそろって並ぶようすを「柱状節理」といいます。柱状節理は、地中のマグマや地上に流れ出た溶岩が、適度な速さで冷えるときにできます。

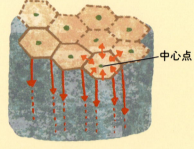

中心点

① マグマが外の空気や別の岩にふれて冷えると、しだいに縮み始める。

② 同じ間かくで並ぶ中心点に向かって縮むと楽に縮まる性質があるので、表面に六角形（五角形の場合もある）のひびが入る。

③ 中まで冷えてくると、表面のひびが深く垂直にのびていく。その結果、鉛筆のような柱の集まりができる。

←柱状節理の上の面のようす（イギリス・ジャイアンツコーズウェイ）

柱が太いのは、マグマがゆっくりと冷えたしょうこ。ここはロッククライミングの名所になっている。

日本で見られる柱状節理

日本列島は火山の島なので、あちこちで柱状節理が見られます。そのふしぎな景観には、いろいろな名前がつけられて、観光地になっているところもあります。

玄武洞（兵庫県豊岡市）
高さ35m 幅70mの柱状節理。約160万年前の噴火でできた。岩石の「玄武岩」は、ここから名づけられた。

高千穂峡（宮崎県高千穂町）
10万年くらい前の阿蘇山噴火で、とけた火山灰が固まり柱状節理になった。冷え方がちがうので、太さや形もいろいろ。

車石（北海道根室市）
大きな車輪のように、柱状節理が放射状に広がっている。デビルズタワーと同じころにできた。直径約7.5 m。国の天然記念物。

用語解説 海食洞●波の侵食によって海のがけにできた穴。

七ツ釜（佐賀県唐津市）
300万年前に大量の溶岩が流れてできた。柱状節理は割れ目に沿ってくずれやすく、細長い穴（海食洞＊）ができている。

畳石（沖縄県奥武島）
1200万年前の溶岩。長い間波にけずられて表面はなめらか。干潮のときだけ現れ、「亀甲石」ともよばれる。

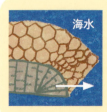

車石のでき方
溶岩の流れが海底を進むと、海水に冷やされて柱状節理ができます。流れの先はねばり気で盛り上がるので、放射状にひびが入ります。

1章｜大地

グラン・セノーテ（メキシコ）

メキシコのユカタン半島では、セノーテとよばれる水中洞くつがあみの目のように広がっている。このグラン・セノーテがある水中洞くつの総延長は約150km。世界一の長さで、東京から静岡までの距離をこえる。

地下に広がる白亜の迷宮

この人は見知らぬ惑星を探検する宇宙飛行士かな？
よく見ると、空気のボンベを背負って、マスクをかぶっている。
ここは、水の中だ。とても透明度が高いね。
白い砂と奇妙な柱。遺跡の中かな。
いったいここは、どんな場所なのだろう。

カルスト地形

| 1章 | 大地 | 23

これが迷宮の入り口だ

グラン・セノーテの入り口には、天井がぽっかりとまるく落ちた洞くつがありました。まわりの白い岩は石灰岩です。この一帯にはカルスト地形という、雨水が石灰岩の地層をとかしてできた地形があちこちにあります。水中に出現した白亜の迷宮の正体は、地下水に満たされた巨大な鍾乳洞だったのです（→74ページ）。

石灰岩がつくる絶景 カルスト地形

石灰岩は水に少しずつとけ、水中での濃度が上がると結晶になって沈殿し、また石になりやすい岩石です。そのため、何万年、何十万年と長く雨にさらされることで、思わぬ地形をつくります。

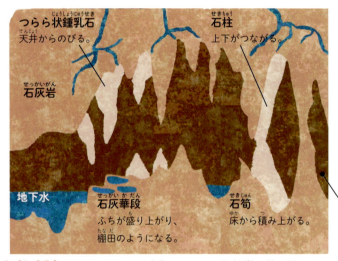

鍾乳洞のようす

鍾乳洞では一度水にとけた石灰岩が再び固まって、いろいろな形の石（鍾乳石）をつくる。鍾乳石が1mm成長するためには、数十年かかるといわれている。

つらら状鍾乳石　天井からのびる。
石柱　上下がつながる。
石灰岩
地下水
石灰華段　ふちが盛り上がり、棚田のようになる。
石筍　床から積み上がる。

② **鍾乳石の巨大博物館　鍾乳洞**
（ポストイナ鍾乳洞・スロベニア）

ポストイナ鍾乳洞は、内部を観光用の電車が3.7km走るくらい大きい。さまざまな鍾乳石、石筍、石柱が見られ、石灰華段（→25ページ）から垂れ下がる鍾乳石が、巨大なパイプオルガンのようだ。

ドリーネ
石灰岩が雨水や地下水によってとけて、すりばち状にへこんだ地形。

カルスト台地
石灰岩のなだらかな台地。雨水にけずられてだんだん起伏が激しくなる。

雨水がしみこむ

① **セノーテ**
ドリーネがくずれ、地下の鍾乳洞に水がたまった地形。

② **鍾乳洞**
雨水が地下にしみこみ、石灰岩層をとかしてできた洞くつ。

③ 雨と時間にけずられた石灰岩
カレンフェルト（石林・中国）

中国雲南省の景勝地で、高さ30mくらいのやりのようにとがった石灰岩の石柱が並ぶ。このような地形をカレンフェルトという。2億5000万年以上前のペルム紀*にできた石灰岩層が隆起*し、雨にけずられてできた。

④ 温泉がつくり出した白いプール
石灰華段（パムッカレ・トルコ）

石灰岩の丘を温泉が流れ落ち、ふちに沈殿した石灰が棚田のような景観をつくる。ローマ時代からの温泉保養地で、パムッカレとは「綿の城」という意味。

⑤ 海にそそり立つ巨大な石灰岩
タワーカルスト（ハロン湾・ベトナム）

雨によって侵食が進んだ石灰岩の台地が海にしずんだあとに残り、独特の形でそそり立っている。この地層は、③の石林と同じく、ペルム紀にできたもの。

③ **カレンフェルト**
とけ残った石灰岩が、羊の群れや並んだ墓石のように見える地形。

④ **石灰華段**
リムストーンプールともいい、洞くつの外にもできる。

⑤ **タワーカルスト**
石灰岩層のほとんどがとけて、巨大な柱の形に残った地形。

用語解説
ペルム紀●今から約3億年〜2億5000万年前の時代。古生代の最後の時代で、両生類やは虫類が繁栄。ペルム紀の終わりには三葉虫など多くの種が絶滅して、恐竜が繁栄する中生代へと移行する。

隆起●地層や岩盤が周囲の土地や海底から持ち上がること。逆にしずむことを沈降という。

地平線の下に

重なるしま模様

堆積岩がつくる景色

朝日にうかび上がる大峡谷。
ふるえる足をおさえながら下を見ると、
そこは、1000m以上の深い谷。
でも前を見ると、美しいしま模様が
まるでケーキのミルフィーユのように
水平に積み重なっている。
どうすれば、こんな景色ができるのだろう。

グランドキャニオン（アメリカ）

谷の長さ446km、幅は6km〜29km、アリゾナ州の北西部にある大峡谷。標高1500m〜2700mの高原が、コロラド川に沿ってギザギザに刻まれている。深いところで約1600m、東京スカイツリーが2.5本もすっぽり入ってしまう。

コロラド川から見た地層のようす

岩はだに見えるしま模様の正体は、泥や砂、れき、サンゴなどでできた岩石の層です。このあたりはもともと遠浅の海底で、川から運ばれてきた泥や砂が、静かに積もっていました。

それが、長い年月の間におしつぶされて岩石に変化したのです。このようにしてできた岩石を堆積岩といいます。

やがてこの海底は、地球のダイナミックな活動によって隆起して高原になりました。すると、今度は川がこの地層をけずり始め（侵食）、しま模様の大峡谷が姿を現したというわけです。

（この写真で、すべての地層が見えているわけではありません。）

グランドキャニオンのがけには約20億年前からの歴史が刻まれていた！

しま模様は地球の年表

新しい地層は水や風にけずられた。

2.5億年前 ペルム紀 — フズリナ、スフェナコドン
上の写真は谷の浅いところで、おもにこのあたりの地層が写っている。
3億年前 石炭紀 — ステノディクティア、シダ類
3.6億年前
4.9億年前 デボン紀 — イクチオステガ
カンブリア紀 — 三葉虫
5.4億年前 先カンブリア時代 — ストロマトライト
16.8億年前

谷底からグランドキャニオンを見上げると、そこには約16億8000万年前から2億5000万年前までの地層が積み重なっています。地層をつくっている岩石や見つかる化石*を調べることで、地球の歴史をたどることができるのです。

グランドキャニオンができるまで

① **堆積** 約6600万年前まで

このあたりは浅い海で、川から運ばれた砂や泥が広く水平に堆積した。サンゴ礁が発達した時代もあった。

② **隆起** 約1600万年前～700万年前

山脈をつくる大きな地球の活動によって隆起し、標高3000mくらいの高原になった。上の地層は侵食や風化*でけずられた。

③ **侵食・風化** 約600万年前～

高原の表面にはペルム紀の地層が現れ、コロラド川による侵食と風化が進み、大きな峡谷ができた。

④ **～現在**

現在はかわいていて植物が育ちにくく、岩の風化がおそい。川底の侵食は最近100万年でわずか15mほど。

用語解説 化石●化石は、地層が積もった時代に生きていた生き物などのあとで、何の化石かがわかれば、地層形成の時代や環境を知ることができる。

風化●地表の岩石が風雨による水の作用や、日光による温度の変化などでもろくなったり色が変わったりすること。

美しい地層のひみつ

水平に積み重なる、ななめにせり出す、ぐにゃりと折れ曲がる……。
地層のようすから、大地にどのような力がはたらいたのかを想像することができます。

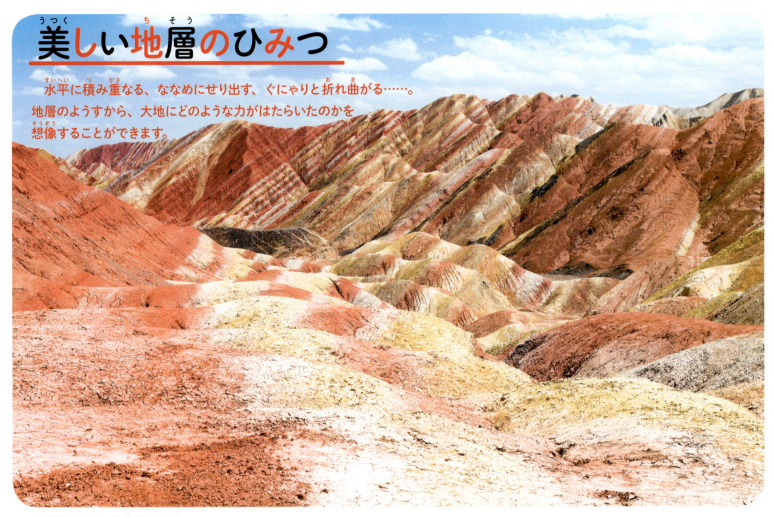

張掖七彩丹霞景区
（中国）

中生代の白亜紀（約1億4500万年前〜約6600万年前）に堆積してできた砂やれきの地層が、ヒマラヤ山脈の造山運動などでゆっくりと曲がりながら隆起。やがて、上のほうが風化と侵食でけずられて、ななめにせり出した。赤、黄色、白のしま模様は、地層にふくまれる酸化鉄＊の種類や風化のぐあいによる。

地層は曲がる！

地層がまわりから強い力でおされて曲がることをしゅう曲という。強い力によって、地層がずれ、断層が生まれたり、地層の上下が逆転したりする場合もある。

圧縮する力

断層

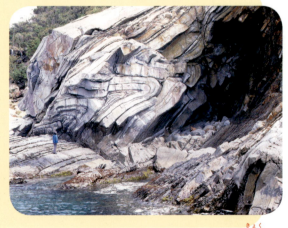

フェニックスしゅう曲
（日本・和歌山県）

地層が固まる前に激しい力が加わったため、折れずにみごとに曲がっている。

ジュラシック・コースト
（イギリス）

中生代（約2億5100万年前〜約6600万年前）の地層が、水平に積み重なっている。中生代は恐竜などが栄えた時代で、この地層からは、海に生きたイクチオサウルスやプレシオサウルスなどの化石が発見されている。今でも、がけからはアンモナイトの化石を見つけることができる。

アンモナイトの化石
古生代から中生代にかけて広く海に生きていた、イカやタコに近い生き物。

酸化鉄●鉄が酸素と結合した（酸化した）物質。鉄は酸素と結びつくとさびて赤くなる。泥や砂に鉄分がふくまれていると、赤い堆積岩ができる。

宇宙
うちゅう

2章

月や太陽。
流れ星や天の川。
地球から見る宇宙の絶景には、
どんなメッセージが
かくされているのだろう。

かいき日食（ロシア）

オーロラ（アメリカ）

バリンジャー・クレーター（アメリカ）

マックノートすい星（オーストラリア）

天の川（日本・富山県）

日食と月食

大地に闇を連れて来る黒い太陽

シベリアを流れるオビ川の岸辺は快晴。
夏のさわやかな風がふいているよ。
ところが、晴れているのに、あたりがなんとなく暗くなり、
冷たい風がふいてきた。あれ、太陽が黒くなっていくよ。
いったいどうしたというのだろう。

かいき日食（ロシア）

2008年8月1日。ロシア中部のノボシビルスク郊外で観察されたかいき（皆既）日食。太陽の全体がかくれるかいき日食は、2分20秒くらい続いた。このときかいき日食が見られた地域は、カナダ北部からグリーンランド、ロシアを通り中国へと移動。部分日食はその周囲、ヨーロッパやアジアの全体で見られた。

月が太陽をかくしていた！

プロミネンス（赤いほのお）
太陽表面のうすいガスの一部が、磁力によってコロナの中にふき上がり、ほのおのように見える現象。温度は約1万℃。

月
黒い部分をよく見ると、満月と同じ模様が見え、月が太陽をかくしていることがわかる。

コロナ（白いすじ）
太陽からふき出す、電気を帯びたエネルギーの高いつぶ（プラズマ）。温度は100万℃以上。

恒星（白く小さな点）（→50ページ）
かいき日食のときには、通常の昼間には見えない星座の星を見ることができる。太陽はこのときしし座付近にあることがわかった。

この日は広い地域で、地球と太陽の間に月がすっぽりと入り、太陽をかくす日食という現象が見られました。なかでもこのあたりでは太陽が全部かくれる「かいき（皆既）日食」が見られたのです。それをアップで撮影したのがこの写真です。何枚かを1枚にまとめ、くわしいようすがわかるようにしています。ここには、かいき日食のときにしか見られない、興味深いものがたくさん写っています。

日食のときの太陽・地球・月の位置

月の軌道（通り道）は少しゆがんでいて、地球に近いときと遠いときがあります。それもあって地球には、本影、擬本影、半影の3種類の月の影が落ちます。本影の中からはかいき日食が、半影の中からは部分日食が、擬本影の中からは金環日食がそれぞれ見られます。

日食は新月のときに起こりますが、新月のときに必ず起こるわけではありません。なぜなら、月が地球を回る面が少しかたむいていて、めったに影が地球に落ちないからです。また、地球に落ちる本影は小さいので、かいき日食が見られるのはとても限られた地域です。

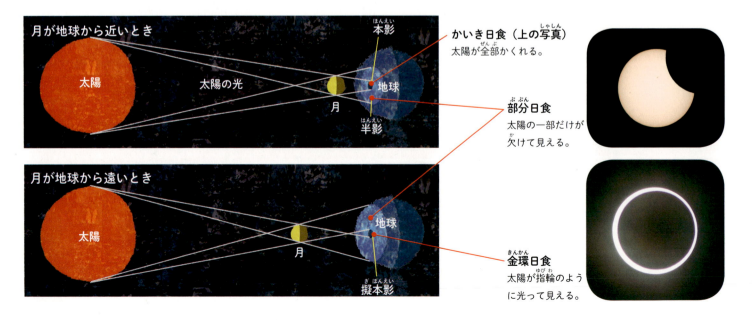

かいき日食（上の写真）
太陽が全部かくれる。

部分日食
太陽の一部だけが欠けて見える。

金環日食
太陽が指輪のように光って見える。

かいき日食──始まりから終わりまで

　これは、2017年8月にアメリカのオレゴン州で撮影された、日食の連続写真です。左下から右上へ太陽と月が並んでのぼっています。

　実際には、地球を回っている月が、地球と太陽の間に割りこんできて、太陽に追いついて日食となり、追いぬいて反対側へぬけていったところです。

⑤ 11時42分 月はすっかり太陽からはなれて、部分日食が終わる。

③ 10時21分 月がぴったり太陽をかくし、食の最大になる。

④ 10時22分 ふたたび太陽が顔を出し、かいき日食が終わり、部分日食となる。

② 10時20分 月が全部太陽をかくし始め、かいき日食が始まる。

① 9時7分　月が太陽に重なり始め、部分日食が始まる。

ダイヤモンドリング

月が太陽にぴったり重なる直前と直後には、太陽のふちだけがダイヤの指輪のように光る、ダイヤモンドリングが見られます。月の表面のわずかな谷間から、太陽の光がもれてかがやいているのです。

月食──地球のかげが月をかくす

北海道美瑛町

　満月のはずなのに、月がだんだん欠けていき、ほとんど消えてしまいました。よく見ると、赤く不気味な月がぼんやりうかんでいます。

　これは月食という現象で、月が地球のかげに入ることによって起こります。月が赤く見えるのは、太陽の光が地球の大気の中を進むうちに、朝焼けや夕焼けをつくる赤色の光だけが残って、それがわずかに月に届いているからです。

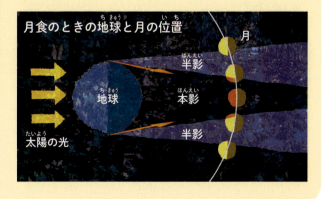

月食のときの地球と月の位置

キンキンに冷えた空気の中で、夜空にゆれる光のカーテン。
きらきらした光が降りてきて、パーッと広がって空いっぱいに
ゆれているよ。こわいくらいにきれい。
オーロラは、北極や南極の周辺で見られる豪華な光のショー。
その舞台裏をのぞいてみよう。

オーロラと神話 (アメリカ・アラスカ州)

　オーロラは、エベレスト（8848m）よりずっと
高い、地上約80km〜300kmの上空、空が宇宙へ
と変わっていくあたりで、空気のつぶが光る現象。
　光の中で楽しくおどる精霊たち、大空にかがやく
大きなキツネのしっぽ、巨大なクジラがふいた潮
……など、オーロラが見られる地域にはさまざまな
言い伝えが残されている。

地球を守る戦いの光

オーロラのしくみ

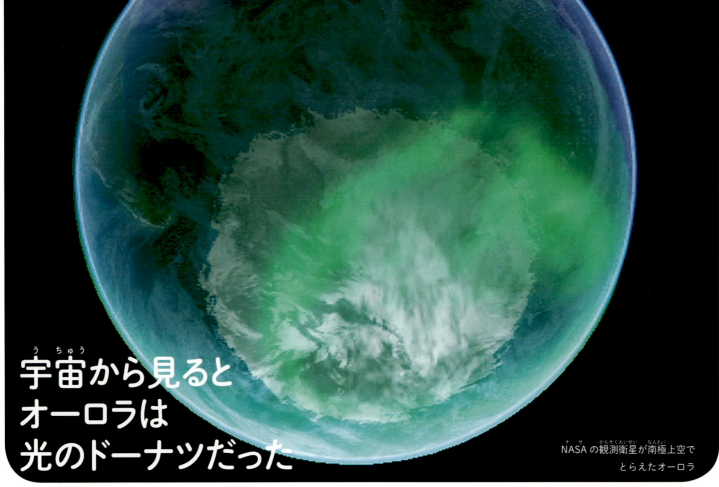

宇宙から見るとオーロラは光のドーナツだった

NASAの観測衛星が南極上空でとらえたオーロラ

提供：NASA／UC Berkeley

これは観測衛星が、南極のはるか上空から見たオーロラ。ドーナツ型の光の帯が南極大陸を囲んでいます。南極上空に光のリングが見えるときには、北極にも同じような光が出現します。地上からカーテンのように見えた光は、極をぐるりととりまく光の帯の一部だったのです。

オーロラが現れるしくみ

太陽はまわりに太陽風をふき出しています。その正体はプラズマ。電気を帯び、強いエネルギーをもった、とても危険な目に見えないつぶです。
地球は磁場＊と大気＊という二重のバリアで、プラズマの侵入を防いでいます。磁場のバリアをかいくぐったプラズマが大気のバリアにぶつかって出す光がオーロラです。オーロラの光は、大気が地球を守っているしるしなのです。

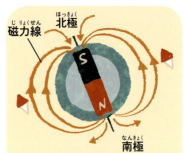

地球は巨大な磁石

地球には、南極付近をN極、北極付近をS極とする棒磁石のような性質があります。N極からS極へ走る磁力線＊が、磁場をつくっているのです。

① 太陽風（プラズマ）が地球をおそう。
② 地球の磁場が第1のバリアとして、プラズマを後ろに流している。

地球の磁場

用語解説　**磁力線と磁場**●磁石のN極からS極へ向かう、見えない力の道すじが磁力線、磁石の力がはたらく空間を磁場（磁界）という。　**大気**●地球をとりまいている気体（空気）の層。

オーロラの色のひみつ

ISS（国際宇宙ステーション）から見た北極上空のオーロラ
提供：NASA

　高度約400km上空で地球を回るISS（国際宇宙ステーション）が、北極圏を囲むオーロラをとらえました。

　今まさに、磁場をかいくぐって地球に降り注ごうとするプラズマを、大気が受け止めて光を放っています。

　よく見ると、上のほうがぼんやりと赤く光っています。また、緑色のカーテンのすそは白く明るく光り、ときにはピンクや紫色の光が見えます。

　光の色は、プラズマがぶつかる大気のつぶ（酸素やちっ素）の種類や、ぶつかる高度によって変わります。

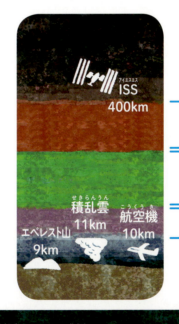

オーロラの高さと色

高度200km〜300km
プラズマのエネルギーが弱いと、高いところにある酸素のつぶとぶつかってしまい、赤い光が出る。

高度100km〜200km
プラズマのエネルギーが強いと、酸素のつぶが多い低い空まで侵入でき、緑色の光が出る。

高度80km〜100km
とても強いプラズマは、ちっ素のつぶが多い空まで侵入できる。するとピンク色の光が出る。

③ 強い太陽風がおそうとプラズマがすき間から侵入してくる。磁力と電気の力でプラズマがスピードアップし、極のまわりに降り注ぐ。

オーロラの光は、プラズマと地球の最後の戦いのようすだ！

④ プラズマは第2のバリアである地球の酸素やちっ素のつぶ（原子や分子）にぶつかる。このときに光が出る。

土星のオーロラを発見！

探査機が土星の南極にオーロラを見つけました。オーロラができるには、太陽風（プラズマ）と惑星の磁場、そして光を出す大気のつぶが必要です。土星にも磁場と大気があることがわかります。反対に、大気のない月ではオーロラは見られません。

提供：NASA, ESA, J.Clarke (Boston University), and Z.Levay (STScI)

砂ばくになぞの

見わたす限りの砂ばくに巨大な穴を発見！
その直径は、なんと約1.2km。まるで何かの競技場のよう。
絶滅した古代人が、ここでオリンピックでも開催したのかな？

バリンジャー・クレーター（アメリカ）

アメリカ・アリゾナ州のコロラド高原にある直径約1.2km、深さ約170mの巨大な穴。穴のふちは、周囲の砂ばくからおよそ30m盛り上がっている。観光地になっていて、ビジターセンターで、この穴がどのようにできたのかを解説している。また、穴のまわりを歩くツアーも用意されている。

巨大競技場?

クレーターといん石

2章 宇宙

巨大競技場は、いん石がつくったクレーターだった!

　最初、ここは火山の火口だといわれていました。しかし、鉄いん石という岩石や、激しい衝突でできるダイヤモンドのつぶが見つかったことから、宇宙から地球に落ちてきたいん石が衝突してできたクレーター（穴）だという説が有力になりました。

　大規模な調査が行われましたが、結局大きないん石は見つかりませんでした。いん石のほとんどは、落ちるときとぶつかるときに生まれる熱によって、蒸発してしまうのです。

　今ではここは、約5万年前に直径25〜30mのいん石が、時速4万km以上の速さでぶつかってできたクレーターだとされています。教室3つ分くらいのいん石が、直径1.2kmもの穴をつくったのです。

いん石の落下を動画でとらえた!

　下の連続写真は、2013年2月15日、ロシアのチェリャビンスクで見られたいん石落下のシーンです。直径約17m、重さ約1.3万tのいん石が大気（→38ページ）の層にぶつかり、高度84kmあたりで分解したと考えられています。分解直前には重さ10tくらいになり、高度約30kmの地点で火の玉になって太陽よりも明るくかがやきました。

チェリャビンスクから80kmはなれた湖の底から、570kgのいん石のかけらが引き上げられた。

いん石はどこから来るの?

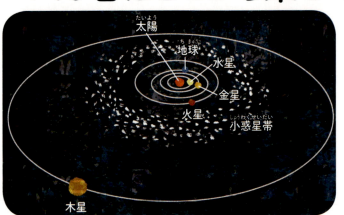

キャニオン・ディアブロいん石
バリンジャー・クレーターの近くで発見された鉄いん石。

チェリャビンスクいん石
チェリャビンスクで発見されたコンドライトのいん石。

　火星と木星の間には、小惑星帯とよばれる小さな天体*が集まっているところがあります。地球に落下するいん石の多くは、ここにある小惑星が元になっています。

　地球に落下するいん石の大部分は、コンドライトとよばれるタイプの石でできたいん石です。約46億年前の太陽系誕生のときの成分がそのまま残っているといわれ、太陽系誕生の研究にとって大切な材料になります。

用語解説　天体●宇宙空間にある太陽などの恒星（→50ページ）や惑星などの総称。

今も残る世界の巨大クレーター

地球に直径10kmの小惑星がぶつかる確率は1億年に1回、直径1kmでも100万年に1回といわれています。大気、水、生き物にめぐまれた地球では地形の風化が速く、バリンジャー・クレーターのようにクレーターの形が残ることはめったにありません。今でも地上に姿をとどめる、地球のクレーターを紹介します。

二重の円の中心は恐竜の時代の落下あと
ゴッシズ・ブラフ
（オーストラリア）

恐竜が栄えていた1億4000万年前ごろ、直径1～2kmのいん石がぶつかってできた。もともとのクレーターのふちの多くは侵食によって消えてしまっているが、上空からの写真によって直径22kmの円形の地形が見つかっている。写真の山の連なりは直径約5kmで、いん石がぶつかったときのはね返りが中央に積もったものだと考えられている。

いん石がつくった円形の湖
ピングアルイト
（カナダ）

約140万年前にいん石がぶつかってできたクレーター。直径約3.4km、深さ400mで、水深が約300mの透明度の高い湖になっている。写真は、氷と雪に閉ざされた冬のようす。落下したいん石の大きさは、直径100～300mくらいと推測されている。

恐竜の絶滅は巨大いん石の落下が原因！

今から約6550万年前、今のメキシコ・ユカタン半島の先端に、直径10～15kmのいん石（小惑星）が時速7万km以上のスピードでぶつかりました。大規模な地震と津波が発生し、大量のちりが大気にまい上がって日光がさえぎられ、植物が死滅。その結果、食物連鎖＊がこわれて、その頂点にいた恐竜たちも、絶滅したと考えられています。

（想像図）

いん石が落下したと考えられる地点にはクレーターのあとが見つかっている（チクシュルーブ・クレーター）。

用語解説 **食物連鎖**●生き物の食べる・食べられるの関係。すべての生き物はこの関係の中で環境をつくり、子孫を残す営みをくり返している。

大空をかける太陽系のタイムカプセル

すい星と流星

夕焼けが残る西の空。
しずんでゆく太陽を追いかけて、
光のしっぽが星空いっぱいに広がっている。
あれはすい星だ。
あの光の尾は、どうしてできるのだろう。
そして、これからどこに行くのかな？

マックノートすい星（オーストラリア）

2007年1月20日。南半球のオーストラリア・シドニー北西340kmにあるサイディング・スプリング天文台の近くで撮影されたマックノートすい星。すい星はほうき星ともいわれ、とつぜん夜空に現れ、姿を変えながら去って行く。そのようすから、何か悪いことが起こる前兆ではないかと、人びとにおそれられた。

光のしっぽは、すい星から出たちり（ダスト）だった！

北半球のシアトル（アメリカ）付近で見られたマックノートすい星。数日後には南側に移動し、前のページのように南半球の夜空に長い尾をかがやかせた。

空に見えるすい星は、動いているようには見えません。しっぽを光らせて静かにそこに見えているだけです。しかし、毎日見ていると、太陽に近づき、そして、はなれていくのがわかります。

すい星は、遠くの宇宙からやってきて、太陽をくるりと回り、また遠ざかっていく小さな星なのです。

すい星の尾は、太陽と反対の方向にのびていた

すい星の本体は核とよばれ、その大きさは直径約1km～10km。ほとんどが氷で、ほかに岩石や金属のちり（ダスト）、こおったメタンなどがふくまれます。太陽に近づくと核の成分が蒸発し、ガスをふき出します。尾には、白くて曲がった大きな「ダストの尾」と、青く真っすぐにのびる「イオンの尾」の2種類があります。

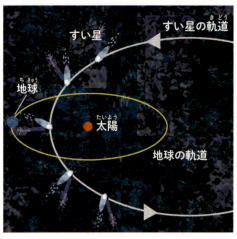

すい星が太陽に近づくと、太陽とは反対側に長い尾がのびる。マックノートすい星は、地球と太陽の間を北側から入り、南側にぬけていった。

ダストの尾 ちりが太陽のエネルギーなどで曲がってのびる。

イオンの尾 太陽風によってガスが反対側にまっすくのび、青く光る。

コマ ガスやちりでできた、核をとりまく雲

核

太陽の方向

ヘールボップすい星

すい星はどこから来るの？

「短周期すい星」は、200年以内の周期で、大部分は地球の公転*と同じ面の上で太陽を回る。周期76年のハレーすい星がその代表。

「長周期すい星」は、200年をこえる周期で、一度現れたら、二度ともどってこないものも多い。マックノートすい星は、このタイプ。

すい星の軌道（通り道）には長周期と短周期の2種類あります。短周期すい星の多くは海王星の外側にある小さな氷の天体が回る帯（エッジワース・カイパーベルト）からやってきます。

長周期すい星のふるさとは、もっと外側の太陽系を大きく包む場所（オールトの雲）だと考えられています。

どちらも、太陽系ができたころからただよっていた星が周囲の引力の変化などをきっかけにして軌道を変え、太陽に向かってやってきたものです。

すい星は、太陽系の始まりのようすを閉じこめたタイムカプセルなのです。

用語解説　公転● 1つの天体のまわりを、ほかの天体が一定の向きに回ること。地球は1年かけて太陽のまわりを公転している。

ふたご座流星群のときに見られた流星。このように明るく光る流星は、火球とよばれる。

流星はすい星からのおくり物だった!

　流星(流れ星)は、宇宙空間にうかぶ砂つぶほどのちりが、地球の大気の中に飛びこんできて、燃えつきるときの光です。

　年に何度か決まった時期にたくさんの流星が、空の1点から降り注ぐときがあります。それが流星群です。

　すい星が去ったあとには、ダストの尾が残したちりが帯状にうかんでいます。ここを地球が通るとき、夜空の1点から流星がまわりに広がって、降るように見えるのです。

毎年8月に見えるペルセウス座流星群。ペルセウス座の方角から放射状に流星が降ってくるように見える。

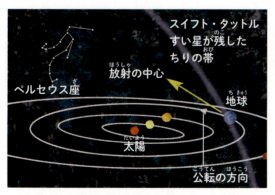

ペルセウス座流星群は、スイフト・タットルすい星が残したちりの帯を地球が通過するときに見える。

三大流星群	見られる時期	元になる天体
しぶんぎ座流星群	1月初旬	未確定
ペルセウス座流星群	8月中旬	スイフト・タットルすい星
ふたご座流星群	12月中旬	フェートン小惑星(未確定)

提供:国立天文台

夏の高原。あたりは真っ暗。
遠くで列車の音がするよ。
空を見上げると、
まるで光の砂をまいたような星空。
見えているのは天(あま)の川(がわ)だ。
この雲のようにぼんやりとした白い帯(おび)を、
望遠鏡(ぼうえんきょう)で見ると、たくさんの小さな星が
集(あつ)まっているのが見えるよ。
天の川って、いったい何なのかな。

夜空にかかる光の帯(おび)

天(あま)の川(がわ)の正体

夏の夜空にかかる天の川（日本・富山県）

北アルプスの立山山頂に近い、室堂平（富山県立山町）から見た星空。8月8日夜の8時30分から9時ごろ。天の川には、はくちょう座、こと座、わし座などの星座が並んでいる。光の帯にかかる黒いけむりのようなかげは「暗黒星雲」とよばれ、密集したガスやちりが、その向こうにある星の光をさえぎっているところ。

天の川は地球から見た銀河系の姿だった！

　天の川は夜空の反対側までぐるりと続いています。上の写真のようにまっすぐつなげてみると、真ん中が少しふくらんだ長い帯のようです。

　雲のように白くぼんやりとした光は、太陽のような恒星＊が出している光です。天の川には、1000億〜2000億個もの恒星が集まっているのです。

天の川をかたむけて見てみると…

　恒星やその間にあるガスやちり、正体不明の暗黒物質などが重力で集まった巨大な天体を銀河といいます。天の川もその銀河の1つで、じつは、私たちの地球や太陽も、この天の川銀河の中にあります。

　この光の帯を少しずつかたむけて上から見てみると、真ん中に光かがやく棒があるうずまき形の銀河が現れます。夜空に流れる天の川は、巨大な銀河を真横から見た姿だったのです。

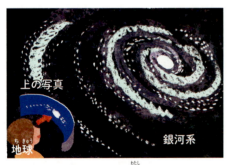

夜空に天の川が見えるのは、私たちが地球の上に立って、矢印のように銀河系を見ているから。

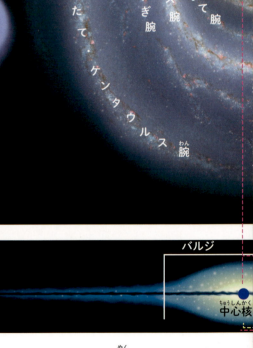

ペルセウス腕　じょうぎ腕　いて腕　たて・ケンタウルス腕

バルジ　中心核　約8万〜10万光年

用語解説　**恒星**●太陽のように自分の内部で大量の熱をつくり出し、光を放っている星。夜空にきらめく星はほとんどが恒星で、地球や木星などの惑星（太陽のまわりを公転（→46ページ）する天体）とはちがい、いつも同じ並び方で空をめぐる。星座の形が変わらないのはそのため。

銀河系は直径約8万〜10万光年。全体で、およそ1000億〜2000億個もの恒星があるといわれている。中心部のふくらんだ部分は、バルジとよばれ、誕生から数十億年以上たつ古い星が集まっている。さらにその中心には、巨大なブラックホールがある。

夜空に現れる天の川をぐるりと全部つなげると、銀河系を真横から見た姿になる。　提供：ESO／S.Brunier

銀河系の姿

　天の川をつくる私たちの銀河のことを「天の川銀河」、または「銀河系」といいます。

　中心にある太くかがやく棒のはしから、星がたくさん集まっている「腕」とよばれる部分がうずを巻くように何本かのびています。このような形の銀河を「棒うずまき銀河」といいます。太陽系はオリオン腕という腕の中にあり、銀河の中心から2万6100光年＊はなれています。

　銀河は全宇宙に1700億個以上あるといわれ、天の川銀河はその中の1つ。太陽系は、さらにその中にある、点のような存在です。

提供：NASA／JPL-Caltech

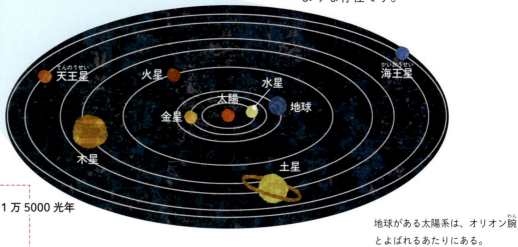

地球がある太陽系は、オリオン腕とよばれるあたりにある。

1光年●光が1年間に進む距離。光は1秒間に約30万km進むので、1光年は約9.5兆km。

3章 水

くねくねと曲がる川。
ごうごうと落ちる滝。
水は流れながら地球をけずるよ。
地球は、水の星。
水が地球にえがく絶景を
見てみよう。

モン・サン・ミシェル（フランス）

ホースシュー・ベンド（アメリカ）

イグアスの滝（ブラジル、アルゼンチン）

ペリト・モレノ氷河（アルゼンチン）

ウユニ塩湖（ボリビア）

グレート・ブルーホール（ベリーズ）

しずみゆく

巨大遺跡？ 潮の満ち引き

海上に出現したお城のような島。
中心の建物は教会みたいだ。
でも大変！　島に続く橋が海にしずんでいるよ。
みんなにげ出してきたのかな。
こんなおだやかな海で、
いったい何が起きたのだろう。

モン・サン・ミシェル（フランス）
　フランス北西部、サン・マロ湾にうかぶ小島モン・サン・ミシェルは、8世紀にキリスト教の礼拝堂が建てられ、修道院となり、巡礼地として長い歴史を刻んできた。サン・マロ湾とともに世界遺産に登録され、現在でも巡礼や観光の人が絶えない。

……と思ったら、みるみる陸続きの島になった！

橋がしずみ、はなれ島のような景色になってから数時間たちました。すると、みるみる海水が引いて、島のまわりに広大な干潟が現れたのです。しずんでいた橋も島までつながりました。橋にいた人たちは、海に囲まれるモン・サン・ミシェルの姿を見物に来ていたのです。

これは、潮の満ち引きといって、月や太陽が、地球におよぼしている現象です。どのようなしくみで潮の満ち引きが起こるのでしょう。

※写真は前のページと同じ日に撮影されたものではありません。

潮の満ち引きのひみつ

ものには相手を引き寄せようとする力（引力）があります。月や地球などの、天体のような大きなものは特に、おたがいの大きな引力の中で動いています。太陽、地球、月も、おたがいに引き合っています。

また、地球には、月からはなれようとする遠心力＊もはたらいています。引力は月から遠い場所ほど小さくなりますが、遠心力はどこでも同じです。

海水が満ちたり引いたりするのは、地球が受ける月の引力と遠心力との差によって、海水が移動するからです。

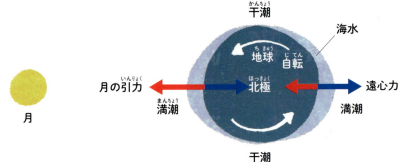

満潮と干潮（1日の潮の変化）

月に近い側では、月の引力が海水を強く引っ張り、満潮になる。一方、月から遠い反対側の海では、遠心力によってこちらも海が盛り上がり満潮になる。

地球は北極と南極をじくに、コマのように1日に1回転する（自転する）ので、1日のうちに、満潮〜干潮〜満潮〜干潮と、2回ずつくり返す。

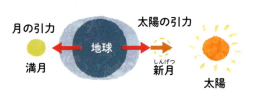
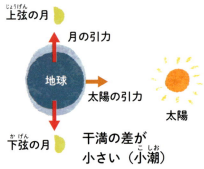

大潮と小潮（ひと月の潮の変化）

月はほぼひと月に1回地球のまわりを回っている。そのためひと月に2回、満月と新月のときに、太陽、月、地球が一直線上に並ぶ。このとき月と太陽の引力が重なって、満潮と干潮の差が特に大きくなる。これを大潮という（上図左）。

一方、上弦と下弦の月のときは、月と太陽の引力が打ち消し合い、満潮と干潮の差が小さくなる。これを小潮という（上図右）。

用語解説　**遠心力**●回転している物が受ける、外側に向かおうとする力。

月の力はここにも！絶景！潮の満ち引き

潮の満ち引きでは、月があるほうに海の水が盛り上がり、移動していきます。
このとき、海岸の独特な地形とおたがいに作用して、ダイナミックな自然現象が見られることがあります。

① 潮が太平洋側から満ち、鳴門海峡を通って瀬戸内海へ北に流れる（北流）。北流のときは、淡路島側に右巻きの、鳴門側に左巻きのうずができやすい。

② 淡路島をぐるりと回った潮が北流と合流して、瀬戸内海が満潮になる。

③ そのころ太平洋は干潮となり、今度は海峡を南に下る流れとなる（南流）。南流では鳴門側に右巻きの、淡路島側に左巻きの大きなうずができやすい。

海峡に大きなうずが出現（うず潮）鳴門海峡 （日本・徳島県、兵庫県）

鳴門海峡は、淡路島と四国の徳島県にはさまれた海峡。潮の流れの本流は深いところを速く流れ、岸に近い流れは海底の地形によってブレーキがかかる。この速さの差がうずをつくる。大潮のときには、最大直径20mもの巨大なうずが、できたり消えたりをくり返す。

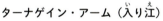

① 大潮になると、潮の流れが、波長の長い波として、沖からやってくる。
② 波が、広く開いた河口や入り江に到着すると、海よりも底が浅く幅がせまくなるので、波の力が集まる。
③ 波が高くなって入り江や河口を連続してさかのぼる。

入り江をさかのぼる大波の列（海しょう）
ターナゲイン・アーム （アメリカ・アラスカ州）

海しょうとは、大潮のときに、入り江や河口に連続して大きな波がおし寄せ、奥へとさかのぼっていく現象。ターナゲイン・アームはアラスカの氷河（→68ページ）がつくった深い入り江。ブラジルのアマゾン川や中国の銭塘江の河口なども海しょうで有名で、長く続く波を求めてサーフィンをする人もいる。

岩山を囲む

まるでいん石が落ちてできたかのような
巨大な穴の真ん中に、
どおーんと、岩山がそびえ立っている。
根元は、ぐるりと池に囲まれているよ。
この水はどこから来たの？
こんな地形をつくったのは、
いったいだれ？

ホースシュー・ベンド（アメリカ）
　グランドキャニオン（→ 26 ページ）の中心から
北北東に 100km くらいのところにあるダイナミッ
クな地形。がけのはしに腹ばいになってカメラを
構えると、高さ 300 m 以上の切り立ったがけが、
ドーナツのような水辺からつき出して、目の前に迫る。

ドーナツ池？

川の
はたらき

3章｜水｜59

池のように見えたのはコロラド川だった

左の写真が空から見たホースシュー・ベンドです。「ホースシュー」とは馬のひづめに打ち付ける鉄（てい鉄）のこと。右上から流れてきた川がぐにゃりと蛇行して、下流に続いています。ドーナツ形の池のように見えた水は、あのグランドキャニオン（→26ページ）をつくったコロラド川だったのです。

川が曲がりくねるのはなぜ？

水の流れを支配しているのは、地球の重力＊です。大地に降った雨は重力にしたがって低い場所へと流れます。平らな土地では、少しでも低い場所を求めて動き回るので、くねくねとした流れになるのです。

水の流れの特ちょうを見ながら、川のはたらきを解明してみましょう。

イルティシ川（ロシア）

川の蛇行と三日月湖

① 平地を流れる川は、少しでも低い場所を求めて曲がりくねる。これを蛇行という。

川の流れとはたらき

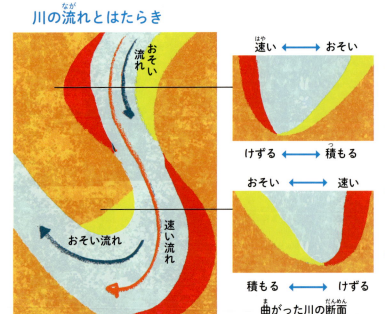

曲がった川の断面

① まっすぐな流れは中心ほど速く、岸に近いほどおそくなる。

② 川が曲がるとき、外側の流れが速く、岸や川底をけずる。

③ 内側の流れはおそく、運ばれてきた小石などが積もって浅くなる。

④ ①～③をくり返し、長い年月の間に、川の曲がりはどんどん大きくなる。

三日月湖

② 大雨で勢いを増した流れは、岸をくずして近道をつくる。元の流れは、三日月湖になって残る。

用語解説　重力●地球がその中心に向かって引く力。地球上でものが下に落ちるのは、重力があるから。

V字谷

流れが速い。こう配（土地のかたむき）は急で、川幅がせまい。

上流

扇状地

清津峡（日本・新潟県）

川の上流では、侵食作用（→28ページ）でV字形の谷ができる。土地が大きく盛り上がっているところほど谷は深くなる。また、岩盤が固いほど、切り立ったせまい谷になる。

御勅使川扇状地（日本・山梨県）

川が谷から平野に出るところでは、こう配（土地のかたむき）が急にゆるやかになるので、運ばれた砂やれき（小石）がとり残される。川は流れる場所を求めてあちこちに方向を変え、砂やれきがどんどん扇形に積もる。

中流

流れはゆるやか。こう配はゆるやかで、川幅は中くらい。

三日月湖

蛇行

ミシシッピデルタ（アメリカ）

川が運んできた砂やどろは河口付近に積み重なり、州とよばれる地形をつくる。流れは河口近くでいくつにも分かれる。運ばれた砂やどろの量や、沖の海流などの影響で、州はいろいろな形になる。

流れはおそい。こう配はほとんどなく、川幅は広い。

下流

川原は小石や砂が多くなる。

水の旅と地形

流れる川は大地をけずりながら集まって、しだいに大きな川になります。川はけずった岩や土砂を平地や海に運び、それらを積もらせます。地上の多くの地形は、このような川のはたらきによって、つくられます。川が海へと注ぐ間につくる地形を見てみましょう。

河口

三角州（デルタ）

砂州
砂しが発達して湾をふさぎ、潟湖をつくる。

潟湖

陸けい島
沿岸の流れで運ばれた土砂で陸とつながった島。

砂し
沿岸の流れで土砂が運ばれ、鳥のくちばしのような形に積もった土地。

野付半島（日本・北海道）
全長26km。日本最大の砂し。

川が運んだ砂が海につくる地形

川が運んだ砂や泥が、湾に沿う流れなどによって海岸に積もり、砂州や砂し、陸けい島などの特ちょうのある地形ができる。

滝（たき）のひみつ

水けむりにとどろく悪魔（あくま）の

うなり声

中央に見える見学デッキの先端に立ってみたよ。
もうもうと水けむりが上がり、
どこを見ても、落下する巨大な水のかたまりだ。
もちろんすぐに、びしょぬれ。ここはイグアスの滝。
この滝は動いているという。
いったいどういうことだろう？

イグアスの滝（ブラジル、アルゼンチン）

パラナ川の支流であるイグアス川にかかる滝。最大落差80m以上、幅は4km以上で、落ちる水の量は世界一といわれている。写真はその約半分の水が落ちる、「悪魔ののど笛」とよばれるポイント。ナイアガラの滝（アメリカ、カナダ）、ビクトリアの滝（ジンバブエ、ザンビア）と並ぶ世界三大瀑布（滝）の1つ。

62-63ページの絶景は、ここから見ているよ！

悪魔ののど笛

滝は大地をけずりながら、ゆっくりと奥へ進んでいた！

イグアス川が流れる広い台地は、1億年前にあふれ出した、さらさらした玄武岩の溶岩が平らに広がって、かたい地層（→26ページ）をつくっている。

　上空から見ると、写真の手前から奥へと台地に切れこみが入っています。水けむりが上がっている谷の先端が、「悪魔ののど笛」とよばれるポイントです。ここを先頭に、滝が台地をけずり、奥へと進んできたのがわかります。

　イグアスの滝が進む速さはとてもゆっくりで、平均して1年にわずか3mm。そのひみつは、平らでかたい地層にあります。奥の上流の広い台地を見ると、流れはゆったりとして、あまり岩や石はありません。いつも岩が運ばれてくるような急な流れでは、すぐにがけがけずられ斜面となって、滝は消えてしまうのです。真下に落ちる大きな滝が姿をとどめるためには、上にかぶさるかたい地層と、岩の少ない水の流れが必要なのです。

滝はこうして進む

① 大地が隆起すると、川は低い場所を求めて流れ、大地をけずり始める。

② 流れる川が運ぶ岩や石は、まずやわらかい地層をけずる。すると、かたい地層の下に滝つぼができ始める。

③ 滝つぼの岩が水流であばれ、下のやわらかい地層を広く深くえぐる。すると、上のかたい地層は支えを失ってくずれ落ちる。

④ こうして水が真下に落ちる滝ができる。かたい地層の岩が下からくずれながら、滝は少しずつ後退していく。

世界の滝がつくる絶景のひみつ

雄大な滝、美しい滝、ふしぎな滝。滝の姿を観察すると、いろいろなでき方の滝があることがわかります。世界の滝が見せる絶景と、そのひみつを探ってみましょう。

火山と水がつくり上げた荘厳な姿
スヴァルティフォス（アイスランド）

アイスランドは火山と氷河の島。スヴァルティフォスとは「黒い滝」という意味で玄武岩の色を表している。流れ出した玄武岩の溶岩が冷えてみごとな柱状節理（→18ページ）をつくった。氷河からの水が落下して柱状節理を下側からくずし、上がせり出すがけをつくっている。

岩のすき間からとつぜん白いベールが現れる！
白糸の滝（日本・静岡県）

がけのすき間から現れた水が、まるで白いベールのよう。下側は、大昔の富士山の噴火で下った泥流が固まってできた、水を通さない地層。その上に玄武岩の溶岩が重なっている。富士山に降った雨や雪どけ水が、年月をかけて地中を流れ、このすき間から、ベールのように流れ出している。

落差979m。太古の大地が放つ世界一の滝！
エンジェル・フォール（ベネズエラ）

テプイとよばれるテーブル状の山から一気に流れ落ちる。ここはかたい堆積岩におおわれた太古の大地。周囲が侵食されても山頂は広く平らで、川が流れている。世界一落差の大きいこの滝は、水が落ちるとちゅうで広がってしまい、打ちつける雨のような状態になる。そのために滝つぼはない。

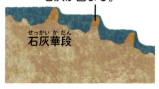

幅1.7km。直線の割れ目に大河が消える！
ビクトリアの滝（ジンバブエ、ザンビア）

イグアスの滝と同じく1億年以上前にできた玄武岩の溶岩台地。溶岩が冷えるときに割れ目ができ、それを粘土でできた岩がうめていた。滝は、豊かな水でその岩を洗い流し、かつての割れ目をほり出してはそこに落ちる。これをくり返しながら後退している。

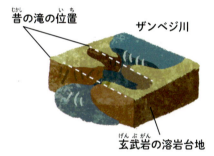

おとぎの森の岩だなを無数の滝が流れ落ちる
プリトヴィッツェ（クロアチア）

何段にも重なった石灰華段（→24ページ）を、しぶきを上げながら水が下っていく。ここはクロアチアにある美しいカルスト地形。水にとけた石灰岩が小さな段のふちで固まり、たくさんのダムをつくって、無数の滝をつくり出している。

ゴリッ、ギギギ、ググゴゴ……、ズシーン、バッシャーン、ザバーン。

高さ60m、20階建のビルほどもある、巨大な氷の柱がすごい音を立て、くずれ落ちた。水しぶきが一面にまい上がり、大きな波があたりに広がる。何が起こったのだろう。

ごう音とともにくずれ落ちる

ペリト・モレノ氷河（アルゼンチン）

氷河の長さは約30km、先端の幅は約5km、厚さは水中部分をふくめると170m。面積は大阪市より広く約250㎢。南アメリカ大陸の南のはし、アルゼンチンとチリにまたがるパタゴニアには、大小合わせて50近くの氷河があり、その面積は南極、グリーンランドの次に大きい。

巨大な氷の柱

氷河の力

3章｜水

巨大な氷の柱は、おし出された大氷河の先端だった！

右の写真は、ペリト・モレノ氷河を展望台から見たものです。

表面にギザギザの「氷のトゲ」がびっしりと並び、奥のほうからおし寄せているように見えます。実際この氷河は、手前にある湖のほうに、1日に平均2mもの速さで流れています。

前のページの写真は、この氷河の先端がひび割れてできた「氷のトゲ」の1つが、流れにおし出されて、湖にくずれ落ちた瞬間だったのです。

氷河はどうやってできるの？

① 降った雪がとけずに残り、毎年積もっていく。

② 雪の重さによっておしつぶされ、下のほうから氷になる。

③ 氷の重さと上からの圧力で下流に動き出す。流れている氷河の先端にはギザギザの割れ目ができる（氷のトゲ）。

④ 氷河が海や湖にたどりつくと、先端の割れ目からくずれ落ちて、氷山となる。

氷河とは、地上に降った雪がとけきらずに、長い月日の間に積み重なり、おしつぶされてぶ厚い氷となったものです。谷に発達した氷河は、その重みと圧力で、1年に数m〜数十mくらいの速さで下に流れ出します。ただし、氷河の底に水がたまってすべりやすくなったために、1年に数百m〜数kmも動く氷河も知られています。

氷河からくずれ落ちた氷山。海の上に見えているのは、氷山全体の7分の1ほど。長い間におしつぶされて、空気がぬけた氷ほど青く見える。

氷河がつくり出すいろいろな地形

ヨーロッパアルプスなど氷河が残る険しい山地では、氷河が動いているしょうこが、いろいろな地形になって残っています。

カール（千畳敷カール・日本・長野県）

山頂近くにできた氷河が、こおってもろくなった岩の斜面をえぐりとる。氷河が消えると、岩壁がくずれ、スプーンですくいとったような地形になって残る。

ホルン（マッターホルン・スイス、イタリア）

周囲を氷河にけずられた結果、急な岩壁がくずれ落ちて、切り立った山頂が残る。ヨーロッパアルプスの多くの山や北アルプスの槍ヶ岳など。

U字谷

氷河が谷を下るとき、ばく大な氷の重みで谷の底や両側がけずられる。氷河がなくなると、両側がくずれ、底が平たくなったU字形の広い谷が残る。

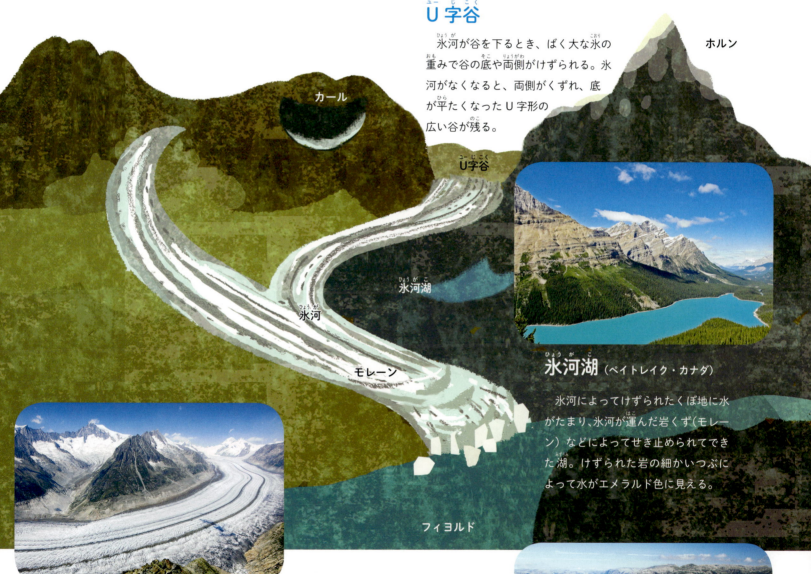

氷河湖（ペイトレイク・カナダ）

氷河によってけずられたくぼ地に水がたまり、氷河が運んだ岩くず（モレーン）などによってせき止められてできた湖。けずられた岩の細かいつぶによって水がエメラルド色に見える。

氷河とモレーン（アレッチ氷河・スイス）

車のわだちのような黒いすじは、氷河がけずりとった岩くずがたまったところで、モレーンという。氷河が消えると、ごつごつした岩がいろいろな地形をつくる。

フィヨルド（リーセフィヨルド・ノルウェー）

U字谷の下流が直接海につながり、両側が深く切り立つ細長い湾になった地形。北ヨーロッパのノルウェーのほかに、南アメリカ南部のパタゴニアやニュージーランド南島などに多い。

3章 水

天空にうかぶ鏡の国

塩湖のふしぎ

これはいったいどうなっているの？
空にうかべた大きな鏡の上を
自転車が走っていくよ。
まわりには何も見えないね。
あまりにも広すぎる。ここは、どこ？

ウユニ塩湖（ボリビア）
南アメリカ大陸ボリビアのアンデス山脈の標高3700mにある。四国の半分くらいの広さがあるにもかかわらず、その土地の高低差は50cmくらいで、世界一平らな場所といわれる。これは雨季（11月〜4月ごろ）の風景。風がやむと、表面にたまった雨水が空を映し、「天空の鏡」が現れる。

| 3章 | 水 | 71

天空の鏡は塩の湖だった！

上の写真は、同じウユニ塩湖の乾季（5月〜10月ごろ）の姿です。天空の鏡がひび割れてしまいました。

これは、塩のかたまりです。乾季の乾燥と強い日差しによって、塩湖の水が蒸発し、とけていた塩が結晶＊となって現れたのです。

表面に見られる六角形のすじは、水が蒸発して塩が結晶になって縮むときにできます。中心点に向かって縮もうとして六角形にひびが入り（→20ページ）、そこに下から塩水がしみ出して固まるのです。

ウユニ塩湖の塩の結晶

ウユニ塩湖はどうしてできたの？

大昔、このあたりは海の底でした。約500万年くらい前から、海側と陸側のプレート＊が激しく衝突するようになり、山が盛り上がってアンデス山脈ができました。大地は塩分を多くふくみ、それが雨水にとけて山脈の間に流れこみ、湖ができました。大地が乾燥すると水分は蒸発して、塩分が結晶になって湖底に積もります。これがくり返されて、ついには、広くて平らな塩原ができあがったのです。

① 約500万年くらい前から造山運動が活発になり、大昔に海だった塩分を多くふくむ大地が隆起してアンデス山脈ができた。

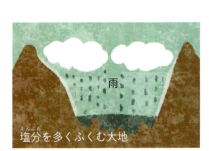
塩分を多くふくむ大地

② 山脈に雨が降ると周囲から塩分をとかした水が流れこみ、湖ができた。

③ 乾燥した気候になり、水分が蒸発するたびに塩が結晶になって底にたまる（下図）。そこにまた雨が降り塩分が流れこむ（上図）。これをくり返してウユニ塩湖となった。

用語解説
結晶●物質は原子や分子などの小さなつぶからできている。結晶は、そのつぶが規則正しく並んで固体になったもの。

プレート●地球の表面をおおう厚さ100kmぐらいの岩石の層。何枚かに分かれてゆっくりと移動し、大地の活動の元になる。

あれ、水の上なのに、からだがぽっかりういてしまい、ねながらゆうゆうと雑誌が読めるほどです。

ここは、西アジアのイスラエルとヨルダンの国境にある死海という塩湖です。塩分濃度は海水の5倍もあり、とても濃い塩水です。

塩水が濃いほど浮力*が大きくはたらきます。泳ごうとしても、からだがういてしまうのは、そのためです。

塩の湖、死海で泳いでみると……

濃い塩水ほど、物体を持ち上げる浮力は大きい。

なぜ低い谷に塩湖があるの？

死海の湖面は海抜−418 mで、地球の陸地で最も低い場所です。ほとんど雨が降らない乾燥地帯で、流れこむ川の水も湖面からそっくり蒸発して、たまりません。川の水にはまわりの山にふくまれている塩分がわずかにとけています。川の水が流れこんでも、湖では水分だけが蒸発し続けるので、長い間に、塩分の濃い湖ができたのです。

色とりどり！世界の塩湖

世界にはあちこちにきれいな色をした塩湖が見られます。ここでは、塩以外の微生物や鉱物によって、美しい色にかがやく塩湖を紹介しましょう。

ナトロン湖（タンザニア）

強いアルカリ性で、水はヌルヌルしている。赤やピンクに染まるのは、塩分を好む微生物、特にラン藻類（光合成を行う単細胞生物）の赤い色素による。

ラグーナ・ベルデ（ボリビア）

ウユニ塩湖の南にある。日本語で「緑の湖」。この水の色は、水にふくまれる銅やヒ素などの成分による。風で水がかき回されると、さまざまな緑色に変化する。

*浮力●液体や気体の中ではたらく、物体を持ち上げようとする力。浮力の大きさは、物体がおしのけた分の液体や気体の重さに等しい（アルキメデスの原理）。

|3章|水| 73

サンゴ礁に現れた紺ぺきの穴

青い水のひみつ

サンゴ礁の海にぽっかりとあいたまるい穴。
すごくキレイだけど、なんだかおそろしいね。
どこまで深いんだろう。いったいだれがあけたんだろう。

グレート・ブルーホール
（ベリーズ）

カリブ海に面したサンゴ礁にある直径300mをこす青い穴。イルカやウミガメなどもおとずれ、ダイバーにも人気のスポット。世界自然遺産にも登録されている世界的なサンゴ礁の保護区の中にある。ブルーホールは、日本の渡名喜島（沖縄県）など世界のあちこちにあるが、ここは世界最大をほこる。

ブルーホールの中につららのような石を発見！

ブルーホールの中は、サンゴのかべが垂直に切り立ち、色とりどりの魚が泳いでいます。水深30m近くになるとさらに透明度が上がり、かべに不気味な横穴がみられます。その天井からは、細長い石が垂れ下がり、穴の中の床からはタケノコのような石が生えています。どうやらここは鍾乳洞（→22ページ）のようです。

ブルーホールができるまで

地球にもっと氷河が多かったころ、海面はずっと低く、石灰岩層が地上に現れていました。そこに雨水がしみこんで、地下に大きな鍾乳洞ができました。やがて鍾乳洞の天井が落ち、その穴に海水が入りこんで、ブルーホールができたと考えられています。

① 海岸に近い石灰岩層に雨がしみこみ、鍾乳洞ができる。

② ドリーネ（→24ページ）が発達し、中心のまわりの天井がうすくなる。

③ たえきれずに天井が落ちると、まるい穴があく。

④ 海面が上昇して、全体が海にしずみ、ブルーホールができる。

なぜ海の水は青いの？

人の目には太陽の光は黄色がかった白色に見えますが、じつは、いろいろな色の光が合わさっています（→94ページ）。

すんだ水の場合、赤い光などは深さ数mで吸収されます。青い光は深く進み、その間に水中の小さなつぶや海底の白い砂に反射＊して、海面にもどります。海が青く見えるのは、そのためです。

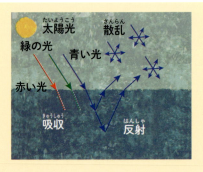

空が青いのは、青い光が空気のつぶにぶつかって「散乱」（あちこちに散らばる）するから。晴れた日は海が空を映してより青く見える。

用語解説 反射●光が何かにぶつかって、はね返されること。平らな面では、ぶつかる角度とはね返る角度は等しくなる。　石英●花こう岩をつくる代表的な鉱物。結晶はガラスのようにかがやき、透明なものを水晶という。

レンソイス砂丘
（ブラジル）

どこまでも広がる白い砂丘。雨季から乾季に移るころ、この大砂丘では降った雨が地下からしみ出して、青くかがやく無数の小さな湖が現れる。晴れていると、湖はよりいっそう青くかがやく。

レンソイスは、軽い石英（水晶）＊の砂つぶが海からの風に飛ばされてできた砂丘。これは、花こう岩＊の大地、川、海、風、そして地下水の共同作業によってできた。

青い水の聖地を訪ねる

太陽の光にふくまれる青い光がつくりだす絶景。
そのしくみを見てみましょう。

青の洞くつ
（イタリア・カプリ島）

海のがけなどにできた洞くつの中が青色に染まる「青の洞くつ」。なかでも、イタリア南部にあるカプリ島の青の洞くつは、その美しさから、観光地としても世界的に有名。

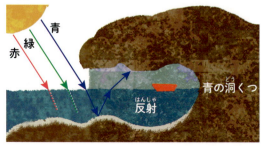

せまい入り口から差しこんで水中に入った太陽の光のうち、青い光が水に吸収されずに残る。さらに石灰質の白い砂底に乱反射＊するので、直接光が入らない洞くつの中も青色の世界になる。

花こう岩●マグマが地下深いところでゆっくり冷え固まってできた岩石。石英、長石、黒雲母などの結晶でできている。

乱反射●光がざらざらした面にぶつかって、あちこちにはね返されること。

気象

4章

大空に真っ白な入道雲。
雨上がりの美しい虹。
それは太陽と空気と水のしわざ。
当たり前にあるものが絶景をつくる。
そのひみつをさぐってみよう。

※この章で紹介することがらとその写真の撮影地をしるしています。

スーパーセル（アメリカ）

フロストフラワー（日本・北海道）

太陽のしんきろう（日本・北海道）

円形の虹（オーストラリア）

内かさと幻日（ドイツ）

スーパーセルと竜巻

大嵐を連れて来る不気味なUFO？

80

大きなうずを回転させながら、あたりを暗くして、
灰色の物体がゆっくりと近づいてくる。
まるで地球にやってきたＵＦＯみたいだ。
とつぜん、激しく冷たい雨と風が
地面をたたきつけた。
いったいここで、何が起きているのだろう。

ネブラスカ州で見られた
スーパーセル（アメリカ）

スーパーセルとよばれる大きな雲のうずから雨とともに強れつな下降気流（上から下へ向かう空気の流れ）が周囲にふき出している（ダウンバースト）。ロッキー山脈の東側に広がるグレートプレーンズ地域では、北極方面からの冷たい風と、南のカリブ海からの暖かい風がぶつかり、このようなスーパーセルが発達する。

スーパーセルは強れつな積乱雲だった！

スーパーセルの正体は、非常に大きく発達した積乱雲です。積乱雲とは日本の夏によく夕立を降らす雲のことで、上昇気流＊をともなってどんどん発達します。その中でも、ゆっくりと全体が回転しながら巨大化したものがスーパーセルで、春から秋にかけて多く発生します。夕立を降らす積乱雲が30分くらいで弱まるのに対して、スーパーセルは、数時間にわたって活動が続きます。

活動の途中では、雨や雷だけでなく、テニスボールくらいの大きさになるひょうを降らせたり、おそろしい竜巻を発生させたりして、しばしば大きな被害を出します。

アメリカ・サウスダコタ州で写された、発達中のスーパーセル。上に広がる雲は、かなとこ雲（→下図）。いなずまの左手、雲の底には、かべ雲から爆発的にふき下ろす気流（ダウンバースト）が見える。

スーパーセルの中はこうなっている

雲のでき方にはいろいろありますが、積乱雲は、地上の空気が暖かくしめっていて、上空にかわいた冷たい空気があるときにできやすくなります。

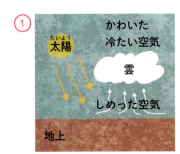

スーパーセルで雨が降るしくみ

① 地上があたためられ、しめった空気が上昇すると、上空で広がって冷え、水蒸気が水滴に変化して雲になる。

② このしめった暖かい空気はうずを巻いて上昇する。やがてメソサイクロンという小さな低気圧＊ができ、雲はどんどん大きく成長する。

③ 雲がさらに上昇すると冷えて、水滴が集まった雨つぶや氷のつぶができる。上昇気流が雨つぶや氷のつぶを支えられなくなると、雨やひょうとして地上に落ちる。

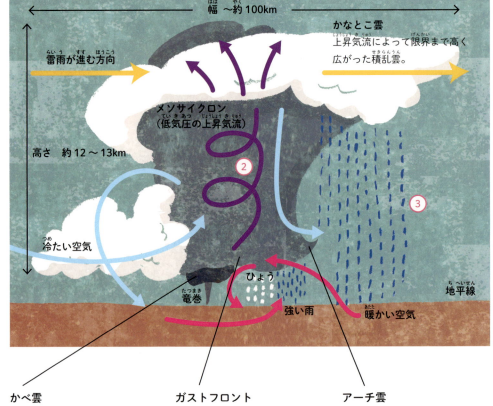

かべ雲
上昇気流と下降気流の境で雲の底がさらに低く垂れこめたところ。竜巻が発生しやすい（右ページの竜巻の写真に見える雲）。

ガストフロント
（下降気流の最前線）
上昇気流によってできた雲がつき出ているところ。

アーチ雲
しめった暖かい外からの空気が、ふきおろす冷たい空気とぶつかってガストフロントにある雲をめくることでできる。

用語解説　上昇気流●上にのぼる空気の流れ。おもに、暖められた空気がまわりより軽くなって、上にのぼることで起こる。上昇気流があると、雲ができて雨が降りやすくなる。

こんな大きなひょうが降ってきた！

発達したスーパーセルは、とても大きなひょうを降らせることがあります。アメリカでは、最大直径17.8cmのひょうが降った記録があります。スーパーセルのてっぺんは、高さおよそ12〜13km。その温度は夏でも－30℃から－50℃ととても低く、雲は小さな氷の結晶でできています。それがくっつき合って成長し、ひょうとして地上に落ちてくるのです。

cmの目盛り

ひょうは直径5mm以上の氷のつぶ。白く不透明な部分は、氷のつぶが空気をふくんだまま急にこおったところ、透明な部分は水滴が一度にはりついてゆっくりとこおったところ。大きなひょうに見られるしま模様から、ひょうのでき方がわかる。

ひょうができるしくみ

① 雲の上のほうで氷のつぶが大きくなって落ち始める。

② 中くらいのところで冷たい水滴が表面について白いあられ（直径5mm以下）になる。

③ 上昇気流によってあられは再び雲の上のほうに運ばれる。

④ 氷のつぶがまわりについて、さらに成長する。

⑤ これをくり返して大きくなり、上昇気流が氷のかたまりを支えられなくなると、落ちてくる。

竜巻が上から降りてきた！

スーパーセルなどの発達した積乱雲では、竜巻が起こることがあります。竜巻は積乱雲の下から立ちのぼる、もうれつな上昇気流のうずです。

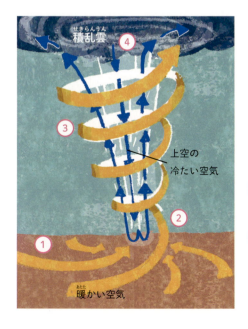

かべ雲

① 暖かい空気が、積乱雲の下に流れこむ。

② 暖かい空気が冷たい空気にぶつかり、乗り上げて回転を始める。

③ 暖かい空気の上昇とともに、回転が強まる。

④ 上昇気流のうずが強まると、ろうと状の雲が降りてくる。これが大きくなって地上に届くと竜巻になる。

ろうと状の雲が降りてくるようす。

低気圧●空気の圧力（気圧）がまわりより低い場所。空気は気圧の高いところから低いところへと流れるので、低気圧ができるとまわりから空気が集まり、上昇気流ができる。

4章 気象

湖にさき競う氷の花

氷と雪の現象

うわあ、白い花がどこまでも並んでいるよ。
ここは北海道の阿寒湖。冬の日の朝のこと。
空気はとても冷たいけれど、すっかり晴れて、風もないので
湖畔はとてもおだやか。湖面に広がった白い花は、
いったい、どうやってさいたのかな。

阿寒湖のフロストフラワー（日本・北海道）

　フロストフラワーは、阿寒湖の冬を演出する絶景。北海道内陸の川や、北極海やカナダ、ノルウェーなどの海でも見ることができる。阿寒湖は北海道の東部にあるカルデラ湖（→10ページ）。周囲を外輪山に囲まれ、冬でも風の日が少なくひっそりとしている。湖の底からは温泉がわき、冬でもぶ厚い氷に閉ざされてしまうことはない。

氷の花は成長した氷の結晶だった

近づいてよく見ると、白い花びらのように見えたものは、数cmにも大きく成長した氷の結晶の集まりでした。顕微鏡で見る雪の結晶を、ずっと大きくしたような形。とても小さくて細かい氷の枝がのびていました。

これは、気温が低くて風のないときに見られる、フロストフラワーという現象です。冷気の中から現れた霜が、湖面のでっぱりなどにつぎつぎにくっついて、花のような形に成長したもので、霜の花ともよばれています。

フロストフラワーができるまで

① 気温が−15℃以下になると、阿寒湖の湖面には、水がこおってうすい氷が張る。空気よりも氷のほうがずっと暖かいので、氷の表面から水蒸気が直接空気中に出て行く。

② 風がないと、その空気は水蒸気をふくみすぎた状態になってしまう。このとき水蒸気が氷の上のでっぱりなどにふれると、氷の結晶（霜）として現れる。

③ つぎつぎに霜がくっついて、フロストフラワーになる。

スノーモンスターの正体も氷の花だった！

成長した「エビのしっぽ」。氷の結晶がくっついて、風上に向かってのびたもの。

冬の日本海方面から山形県の蔵王山などにやってくる雲には、0℃以下でも雪や氷になっていない水滴（雲のつぶ）が、多くふくまれています。その水滴が山はだの木の枝にぶつかると、たちまち氷の結晶となります。そして、風がふいてくる方向にどんどん成長し、ついに樹木は、怪物のような姿になってしまいます。これがスノーモンスター（樹氷）です。

スノーモンスターができるまで

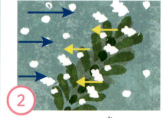

① 雲の中にある0℃以下の水のつぶが、つねに同じ方向（→）から枝や葉にぶつかり、氷の結晶として現れる。

② 氷の結晶は風上に向かい（←）「エビのしっぽ」の形に成長する。さらに、ふきつける雪がすき間に入って大きくなる。

③ 雪がたがいにくっついて固まる。これをくり返して、モンスターのような形になる。

用語解説　**水・水蒸気・氷**　水はふつう、0℃から100℃の範囲では液体（水）、0℃以下で固体（氷）、100℃以上になると気体（水蒸気）になる。空気には、目に見えない水蒸気がふくまれている。

氷がつくる芸術的な絶景

透明な氷は、向こう側の世界を見せながら、
キラキラと光を反射して、美しい光景をつくり出します。
ここでは、自然がつくる氷の絶景を紹介します。

にょろにょろのびた氷のお化け？
氷筍（日本・北海道・百畳敷洞窟）

鍾乳洞の中で石筍（→24ページ）ができるように、洞くつの天井からしたたり落ちた水が、流れる前にこおりついて積み重なり、人形のように立ち上がったもので、氷筍といわれる。高い氷筍は、人の背たけ以上もあり、まるで氷のお化けがおしゃべりをしているように見える。

朝日にかがやくダイヤモンドの原石？
ジュエリーアイス（日本・北海道・大津海岸）

冬、こおりついた十勝川の氷が太平洋におし出され、潮の流れによって南側の大津海岸に打ち上げられる。このとき、波にけずられ、洗われた氷は角がとれて丸くなり、朝日を浴びてまるで宝石のように美しく光る。そのため、ジュエリーアイス（宝石の氷）とよばれている。

閉じこめられたクラゲの群れ？
アイスバブル（カナダ・アブラハム湖）

こおりついた湖面に、白くて丸い模様が積み重なっている。これは、メタンガスのあわ（バブル）。湖底に積もった植物や動物の死がいからメタンガスが発生して上昇し、水面に届く前に氷に閉じこめられてしまったもの。メタンガスは気体のままなので、氷を割り、火を近づけるとほのおを上げる。

水平線から顔を出した光のつぼ!?

しんきろうのふしぎ

真冬の北海道。
太平洋の夜明け。
水平線から太陽が
すうっと顔を出した。
そう思ったとたん、
てっぺんがびよーんと広がって、
つぼのような形になったよ。
海の上で何が起きているの？

太陽のしんきろう（日本・北海道豊頃町）
2013年1月31日の朝（6時40分37秒）に見られた、変形した太陽。1年のうちで最も寒い季節で、最低気温は－15℃くらいになる。晴れた日の海岸地方では、昼は海から陸へ、夜は陸から海へと風がふく。太陽がこのような姿に変身するのも、陸と海に流れる風が関係している。

午前6時40分52秒　光のつぼの口が広くなってきた。　　午前6時41分59秒　びよーんと四角にのびた。

太陽が変形して見えたのは空気の層のしわざだった！

　上の4枚の写真は、約1分ごとに撮影した日の出の太陽のようすです。見える形が刻々と変化しています。

　これは、遠くのものが変形して見えるしんきろう（蜃気楼）という現象です。

　光には、空気や水の中を進むときに密度＊が高い（重い）ほうに曲がる、という性質があります。

　海は陸よりもあたたまりにくく冷めにくいので、海岸地方では、夜になると海上の暖かい空気が上昇し、それを補うように、陸からの冷たい空気が海上に流れこみます。そのため、いちばん気温が下がる朝方には、海上に冷たい空気が広がり、重い空気の層ができていることがあります。

　空気の層はその温度によって密度が変わります。

　太陽の光が私たちの目に届くまでには、このような密度のちがう空気の層を何度も通過します。太陽の形がつぎつぎと変化したのは、複雑な空気の層によって、太陽の光が何度も曲げられたからです。

いろいろなしんきろう

しんきろうにはいくつかの種類があり、地平線や水平線に低く見えていたものが、にょきっと上にのびて見えたり、うかんで逆さに見えたり、鏡のように地面に逆さに映ったりします。

上位しんきろう　ぎゅーっとのびる、逆さになる（富山県・富山湾）

しんきろうが出ていないときの風景

しんきろうが出たときの風景
逆さになった部分
のびた部分

のびて見えるしくみ

暖かい空気
冷たい空気

　下に冷たい空気の層、上に暖かい空気の層があるときに起こる。景色の上のほうから出た光が冷たい空気のほうに曲がって目に届くため、景色がのびて見える。

上に逆さに見えるしくみ

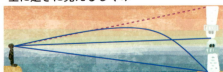

　とくに空気の温度差が激しいと、景色の下のほうから出た光が、暖かい空気の層との境目で反射するように、冷たい空気のほうに曲げられて届くため、景色が逆さに見える。

用語解説　**密度**●もののつまり具合のことで、重さ（質量）を体積で割ったもの。同じ体積でも、密度が高いほどぎゅっとつまっていて、重い。

午前6時42分45秒　温泉に入るカッパ？

午前6時43分37秒　空飛ぶマッシュルーム⁉

光の進み方の3つのルール

空気中の光がはね返ったり曲がったりすることで、いろいろなおもしろい現象が起こります。光の進み方には、次の3つの基本的なルールがあります。

① 直進　空気や水など一定の性質の物質の中では、光はまっすぐ進む。

② 反射

光は鏡や水の表面で、はね返る。鏡ではね返る角度は当たった角度と同じ。

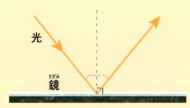

③ 屈折　光は種類のちがう物質に進むとき、その境目で、密度の高い（重い）物質のほうに曲がる。

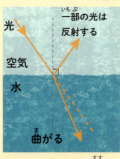 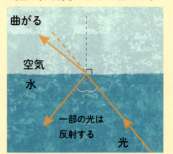

空気中から水中へ進む光は、水面から遠いほうへ曲がる。

水中から空気中へ進む光は水面の方へ曲がる。水面に入る角度が大きいときは、すべての光が反射する。

下位しんきろう　うかび上がって逆さに見える（ナミビア）

逆さに見えるしくみ

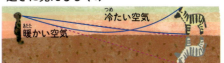

地面が太陽に照らされてあたためられたり、上空に強い寒気が入ってきたりして、上の空気の層が冷たいときに起こる。下の暖かい空気の層に入った光は、上にある冷たい空気の層のほうに曲げられる。高いところから出た光は、下から目に届くので、地面にある鏡に映るように、景色が逆さに見える。

にげ水　水たまりが遠ざかる

道路の上の水たまりが自動車を映している。ところが近づいても水たまりはにげてしまう。これは、「にげ水」という現象で、道路の上の空気が強くあたためられて、下位しんきろうが起きているから。

注意）太陽を直接肉眼で見ると危険です。太陽を観察するときは、必ず日食観察用のめがねを使いましょう。

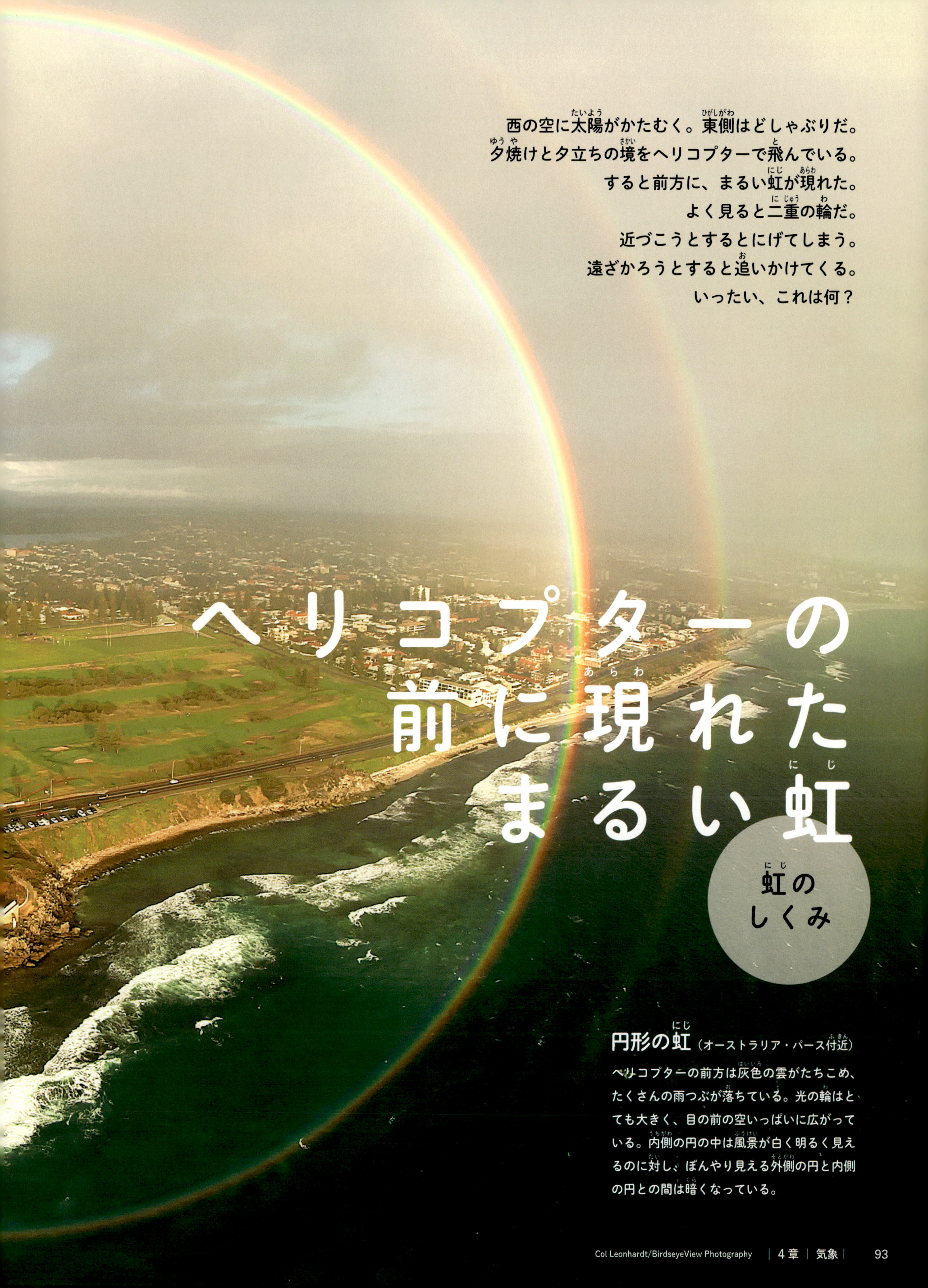

西の空に太陽がかたむく。東側はどしゃぶりだ。
夕焼けと夕立ちの境をヘリコプターで飛んでいる。
すると前方に、まるい虹が現れた。
よく見ると二重の輪だ。
近づこうとするとにげてしまう。
遠ざかろうとすると追いかけてくる。
いったい、これは何？

ヘリコプターの前に現れたまるい虹

虹のしくみ

円形の虹（オーストラリア・パース付近）

ヘリコプターの前方は灰色の雲がたちこめ、たくさんの雨つぶが落ちている。光の輪はとても大きく、目の前の空いっぱいに広がっている。内側の円の中は風景が白く明るく見えるのに対し、ぼんやり見える外側の円と内側の円との間は暗くなっている。

Col Leonhardt/BirdseyeView Photography

光の輪は、虹全体の姿だった！

私たちがふだんよく見る虹は、アーチ型の橋のような形をしています。ところが、空から虹の姿をとらえると、全体が完全な円形をしていることがわかります。ふだん地上から見る虹は、その上側だけが見えているのです。

虹が見えるのは、夕立などで雨つぶが空中にあるときです。太陽に照らされた雨つぶが、光を屈折・反射するとき、光の色を分けて、その光が見る人に届くのです。ですから、虹はいつでも太陽と反対側に見えます。

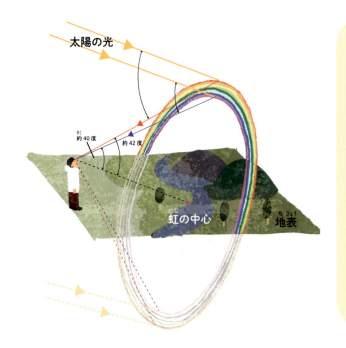

光が虹色に分かれるひみつ

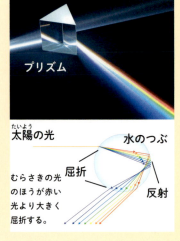

光は、空気と水などの境目を通るとき、折れ曲がる性質（屈折）があります（→91ページ）。光が屈折する角度は、その色によって異なります。プリズムはこの性質を利用して、光を虹色に分けます。

また光には、水面にぶつかる角度が大きいとき、鏡のように「反射」する性質もあります（→91ページ）。「屈折」と「反射」、この2つの性質によって、まるい雨つぶが、プリズムのように光を虹色に分けているのです。

二重の虹の色の並びは逆さ！！

虹が二重に見えるわけは、見る人の前にある雨つぶの広がりの中に、太陽の光を虹色に分けて反射するところが、2か所あるからです。

雨つぶの中で太陽の光が1回反射して見る人に届いたものが、主虹として見えます。副虹は外側の雨つぶから2回反射した光が届くので、主虹よりも外側にぼんやりと見えています。

主虹は、外から順に、赤、オレンジ、黄色、緑、水色、青、むらさきの光が並んでいます。これに対し、副虹は2回反射するため、色の並びが逆さ（赤が内側）になります。

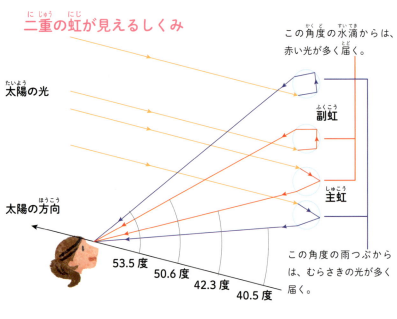

ふしぎな虹の世界

虹は水と光がつくり出す自然の芸術です。
ここでは、そのほかの虹のふしぎについて、
いくつか種明かしをしてみましょう。

主虹の中がいつも明るいのはなぜ？

主虹と副虹の水滴からは、屈折によって虹色に分かれたそれぞれの光が集中して届く。しかし、主虹より内側にある水滴は、いろいろな色の光を反射しているので、たくさんの色が重なって、白く明るく見える。主虹と副虹の間にある水滴が反射する光は、こちら側に向かわないので、暗く見える。

色のない光のアーチが！ 白虹／霧虹

うす雲や霧が目の前にあって、太陽が後ろにあるときに、色のない白くて明るい虹が見えることがある。これは、前にある雲や霧の水滴が、雨つぶよりずっと小さいために、屈折や反射ではなく、光が水滴に当たって「散乱」（あちこちに散らばること）を起こすことによって起こる。

夜空に七色の光が！ 月虹

満月など明るい月の光でも、虹が現れることがある。見えるしくみは、太陽によるふつうの虹と同じだが、光が弱いので、虹色ではなく白く見えることが多い。写真はビクトリアの滝（→65ページ）の水しぶきにできた月虹。正面にはオリオン座が見える。

提供：Calvin Bradshaw（calvinbradshaw.com）

雲の中に妖怪が現れた！ ブロッケン現象／光輪

山の上から雲を見たとき、太陽の反対側に小さな虹色の光の輪が現れ、その中に、人のかげが見えることがあります。これは、ブロッケン現象（光輪）とよばれるもので、見ている本人のかげが見えています。雲や霧によって散乱した光が、色によって散らばり方がちがうために、虹色に分かれて見えるのです。

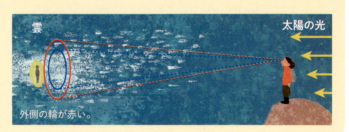

| 4章 | 気象 | 95

朝日とともに出現した魔法の光

大気中の氷と光の現象

風のないおだやかな冬の朝。
キンキンに冷えた空気。丘の向こうからのぼってきた太陽は、
ふしぎな光の輪をともなっていた。両側にも明るい光。
まるで太陽が3つに分かれたみたい。
この光の正体はいったい何だろう。

内かさと幻日
（ドイツ・フィヒテルベルク）

大きなモミの木の向こう、光の輪の中心に太陽がある。光の輪は内かさ（ハロ）とよばれ、輪の両側にあるとくに明るくなっている部分は、まぼろしの太陽という意味で、幻日とよばれることがある。英語では、サンドッグ（太陽の犬）といわれ、天気が悪くなる兆しとされた。

空中にうかぶ氷の結晶

冷たい空気の中では、雲のつぶは六角形の氷の結晶になってうかんでいます。その結晶に、太陽の光が反射・屈折（→91ページ）して、ふしぎな光が見えるのです。結晶の種類と光の当たり方により、さまざまな光が現れます。

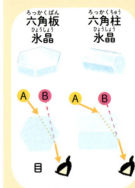

氷の結晶には六角板氷晶や六角柱氷晶などがある。左図のようにうかび、プリズムの役目をして太陽の光を屈折させる。Aから来た太陽の光が人の目に入ると、太陽はBの位置にあるように見える。

魔法の光は、氷の結晶がつくり出していた！

上の写真は、内かさ（右の図⑥）が出ているときに、より広い範囲を写したものです。外側にもうすい光の輪があって、太陽は二重の光の輪で囲まれています。太陽の上にも幻日のような明るい光が見えます。

このような現象は、大気の温度が低い空の高いところや、寒い地方などで、大気中の氷の結晶と太陽の光が見せるものです。虹色に見えるところでは、氷の結晶によって光が屈折し、色が分かれているのです。

氷の結晶と太陽が見せる空の光

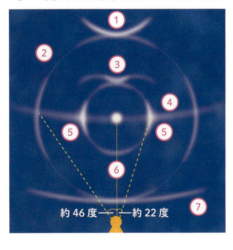

約46度　約22度

① 環天頂アーク
太陽よりずっと上（約46度上）にできる逆さの虹。六角板氷晶の上から入り側面に出た光がつくる。

② 外かさ
内かさ⑥より外側に現れるうすい光の輪。

③ タンジェントアーク
内かさ⑥の上や下に見える、V字形に開いた光。六角柱氷晶に側面から入った光がつくる。

④ 幻日環
太陽を通る水平な光のすじ。六角板氷晶に太陽の光が反射してできる。

⑤ 幻日
幻日環④が内かさ⑥と交わる2点の上にできる明るい光。六角板氷晶がつくる。

⑥ 内かさ
太陽を中心とする光の輪。円の半径は、腕を前へのばして手のひら1つ分ほど（約22度）。六角柱氷晶がつくる。

⑦ 環水平アーク
太陽よりずっと下（約46度下）にできる水平の虹。六角板氷晶の中で光が屈折し、虹色に分かれる。

環水平アーク
（秋田県、山形県・鳥海山）

太陽が高く、風がおだやかでうす雲のかかっている日などには、めずらしい水平の虹である環水平アークが見えることがある。北極や南極に近いところでは太陽が高くならないので、この現象を見ることはできない。

注意）太陽を直接肉眼で見ると危険です。太陽を観察するときは、必ず日食観察用のめがねを使いましょう。

精霊のように現れる光の柱

空中に氷の結晶がうかんでいると、太陽の上下にある結晶が朝日や夕日を反射して、太陽の光が上下に長くのびて見えることがあります。これを太陽柱（サンピラー）といいます。

また、地平線より下にうかぶ結晶によって太陽柱が見えることもあります。この現象は映日とよばれます。

映日（北海道・摩周湖）

映日は、地平線より下にうかぶ六角板氷晶が、太陽の光を反射して、目の前に光の柱を見せる幻想的な現象。周囲には、氷の結晶がキラキラ光るダイヤモンドダストが見える。

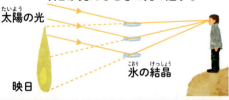

映日が見えるときの光の道すじ

光柱（北海道函館市）

空中にただよう氷の結晶によって、夜空に人工の光による光の柱（光柱）が現れることがある。写真の光柱は、漁船の明かりが上空の六角板氷晶に反射して見えている。

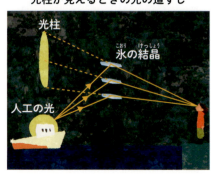

光柱が見えるときの光の道すじ

| 4章 | 気象 | 99

生物。それは、地球に誕生した最大のなぞ。
命あるものたちが、おどろくべき絶景を演出する、
そのふしぎを見てみよう。

5章 生き物

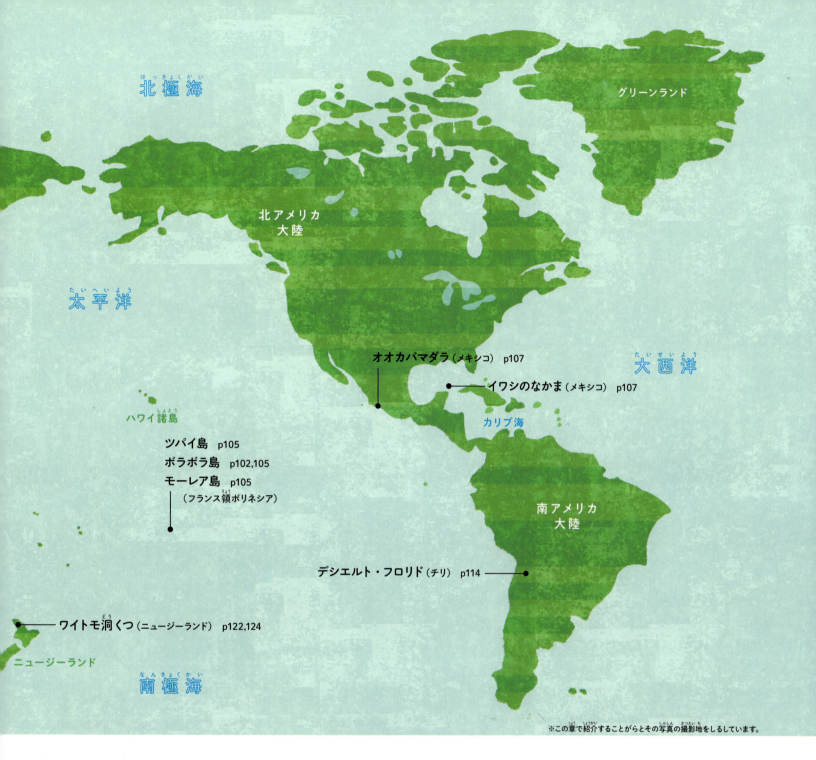

※この章で紹介することがらとその写真の撮影地をしるしています。

サンゴ礁（フランス領ポリネシア）

コフラミンゴ（ケニア）

カセドラルシロアリ（オーストラリア）

デシエルト・フロリド（チリ）

リュウケツジュ（イエメン）

ワイトモ洞くつ（ニュージーランド）

命をはぐくむ海のネックレス

サンゴ礁の世界

青い海にどーんとそそり立つ火山。まわりには、白い砂浜に囲まれた小さな島が、
まるでネックレスのように並んでいるよ。ここは、南太平洋にうかぶボラボラ島。
「太平洋の真珠」とよばれているこの島の美しい姿は、
多くの生き物をはぐくむ海の豊かさを表しているんだ。
このふしぎな島は、どうやってできたのかな。

ボラボラ島のサンゴ礁
（フランス領ポリネシア）

ボラボラ島は南太平洋、ソシエテ諸島にある火山島。標高727mのオテマヌ山を囲むように、サンゴ礁が広がっている。周囲には、タヒチ島、モーレア島、ツパイ島などがあり、さまざまな形に発達したサンゴ礁が美しい景観をつくり出している。

| 5章 | 生き物 | 103

サンゴ礁の海にもぐってみたら……！

海の中には、とがった枝、丸いテーブル、だんごのようなかたまりがびっしり。みんな造礁サンゴの姿です。

熱帯や亜熱帯のきれいな海では、海岸や島のまわりにこのようなサンゴ礁が発達しています。複雑な海底は、プランクトンをはじめ、海藻類、エビやカニ、貝や魚たちなど多くの生き物のすみかになっています。

サンゴ礁は地球の表面積のわずか0.1％の広さにすぎませんが、そこではすでに9万種をこえる生き物が見つかっています。ここは、多くの命をはぐくむ楽園なのです。

枝状／かたまり状／テーブル状

サンゴのからだは動物が集まった姿

1ぴきのサンゴ（ポリプ）は、直径1cm以下の小さなイソギンチャクのような形をしています（右図）。細胞の中に褐虫藻という1つの細胞でできた藻類をすまわせ、褐虫藻が光合成（→117ページ）でつくった栄養をもらって成長します。ポリプは海水中の二酸化炭素とカルシウムから石灰質の骨格（土台）をつくります。このようなサンゴを造礁サンゴといい、それが浅い海に集まっているところが、サンゴ礁です。

サンゴの産卵
ほとんどのサンゴは、年に1回、満月の夜を待っていっせいに卵を放出し、海面で受精する。やがて生まれた幼生が岩にくっついて、子孫をふやす。

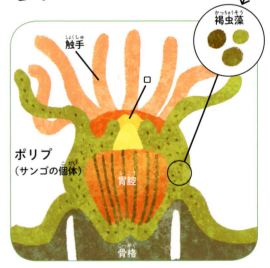

太陽／光合成／褐虫藻／触手／口／ポリプ（サンゴの個体）／胃腔／骨格

これがサンゴ礁だ

礁斜面 急に深くなる斜面。じょうぶなテーブルサンゴなどが岩にへばりついている。

サンゴ

礁嶺 外側の防波堤のように盛り上がった場所。太い枝サンゴなどが多い。

海
サメやオニイトマキエイ、ハタなどの大きな魚が来る。

サンゴ礁のネックレスができるまで

なぜ、火山島のまわりに、ネックレスのようにサンゴ礁ができるのか…。イギリスの生物学者ダーウィンは、下の図のように考えました（熱帯や亜熱帯の火山島すべてに当てはまるわけではありません）。

モーレア島（ソシエテ諸島）

① 海の真ん中にできた火山島のまわりの浅い海に、サンゴ礁が発達する（裾礁という）。

サンゴ礁

② 火山島が波にけずられるなどで、しずんでいく。元の海岸線にできたサンゴ礁は海面近くで成長を続けるので、礁池ができる（堡礁という）。

ボラボラ島（ソシエテ諸島）

③ 火山島が海面の下にしずんだあとも、サンゴ礁は成長を続ける。やがて小さなサンゴ礁の島が、ネックレスのように残る（環礁という）。

陸地

ツパイ島（ソシエテ諸島）

ウミガメが卵を産みに来る。

波がおだやか。魚やエビ、カニなど小さな生き物のかくれ場所になる。

礁池
礁嶺と陸地の間の浅瀬では、波がおだやかで細い枝サンゴなどが多い。

藻場（アマモなどの海草や海藻が生えるところ）が魚などの産卵場所になる。

5章 | 生き物 | 105

うわー、同じ生き物がごちゃっと
たくさん集まっているね。
何をしているんだろう。
こんなに目立って、敵におそわれないのかな。
どうして集まるのか、探ってみよう。

群れる
集まる
いっしょに動く

群れを
つくる
理由

動物たちの群れ

いろいろな生き物の群れが目を見張るような絶景をつくる。左ページ上：「ゴールデンジェリーフィッシュ」、下：「コフラミンゴ」、右ページ左上から「イワシのなかま」、「オオカバマダラ」、「オグロヌー」、「サバクトビバッタ」、「クリスマスアカガニ」。

群れをつくるいろいろな理由

寒さや乾燥もたえられる！
テントウムシの越冬など。

集団で上手に狩りができる！
ライオン、オオカミ、ザトウクジラなど。

協力すれば巣づくりなど楽ちん！
ハチやアリ、ニホンザルなど。

敵を早く発見できる！
ガゼルなどの草食動物。

集まると強そうに見える！
ムクドリ、イワシ、バッファローなど。

繁殖*の相手が見つけやすい！
オットセイ、アカテガニ、カツオドリ、ウミガメなど。

どうして集まって群れをつくるの？

生き物にとってこれ以上ない大切なこと――それは、子孫をふやして自分たちの命を次の世代につなぐことです。

生き物が大きな群れをつくるのも、その生き物にとって、群れのほうが命をつなげやすいからです。自然の中で、群れの暮らしをじっくり観察すると、その理由がわかってきます。

めぐまれた環境で大発生？

ゴールデンジェリーフィッシュ
（根口クラゲ目タコクラゲ科／パラオ・マカラカル島）

海水の湖にすむクラゲのなかま。約1万2000年前にできたこの湖は、環境が安定し天敵もいないので、閉じこめられたクラゲが数をふやしている。体内にすまわせた藻類に日光がよく当たるよう毎日湖面を移動する。

大草原、みんなで行けばこわくない!?

オグロヌー
（ウシ目ウシ科／東アフリカ～南アフリカ）

サバンナとよばれるかわいた草原に、シマウマなどと群れをつくって暮らす。乾季と雨季の変わり目には、数万頭が貨物列車のように連なり、低地に草を求めて大移動をする。天敵はライオンなどの肉食動物。3～4週の間にメスがいっせいに子どもを産み、全体のぎせいを小さくしている。

プランクトンの大発生をのがすな！

コフラミンゴ
（フラミンゴ目フラミンゴ科／アフリカやインド）

ときには100万羽以上の大きな群れをつくる。塩分を多くふくむアルカリ性の湖の浅いところに集まり、短期間に大量に発生する植物プランクトンを、曲がったくちばしでこしとって食べる。ほかの生き物にはきびしい環境なので、ライバルや敵も少なく、効率よく子育てができる。

用語解説 繁殖●子どもをつくり、育てて、子孫をふやすこと。

集まって冬を過ごすわたりチョウ
オオカバマダラ
（チョウ目タテハチョウ科／北アメリカ）

秋になると暖かいメキシコをめざして北から飛んでくる。東京23区よりやや小さい保護区に数百万〜10億ひき集まり、モミの木にぶら下がり冬をこす。春になると、幼虫が食べる毒草の成長に合わせて、北に散っていく。集団でいてもあまり鳥に食べられないのは、幼虫が体内にたくわえた毒が成虫になってもからだに残っているから。

食料が不足すると大移動タイプに変身！
サバクトビバッタ
（バッタ目バッタ科／アフリカなど）

食べる草が少なくなり、なかまが密集してくると、黒い幼虫が大量に生まれ、前ばねが長く飛ぶ力が強い成虫に変身。集まる性質が強く、数十億ひきもの群れになり、周囲の草を食べつくして大移動する。急な食料不足にも対応できるように進化した結果だと考えられている。

卵をたくさん産んでいっせいに放つ
クリスマスアカガニ
（十脚目オカガニ科／クリスマス島）

ふだんは森の巣穴に単独でくらす。繁殖期になると月の満ち欠けをたよりに数千万ひきが磯に大移動して交尾をする。下弦の月の満潮のときにメスが卵をいっせいに海に放つと、すぐに幼生がふ化して泳ぎ出す。卵を同時に放つことで、敵に食べられない幼生をふやす作戦だ。

同じ学年でまとまって行動？
マイワシ （ニシン目ニシン科／東アジア沿岸など）

同じ年に生まれた同じ大きさの魚が集まり、大群をつくる。群れの形はしきりに変化し、先頭が決まっているわけではない。敵が来るとボールのように集まってぐるぐると泳ぐ。泳ぐ力がそろっているほうが群れがまとまり、敵がおそいにくくなる。

イワシの群れをつくるたった3つのルール

複雑に見える生き物の世界ですが、じつは、単純な規則がかくれていることがあります。イワシの群れにはリーダーはいませんが、整列してまとまって泳ぎます。また、敵におそわれても、すぐに群れの形が整います。おもしろいことに、次のような3つの決まりさえあれば、イワシの群れの動きが再現できるそうです。

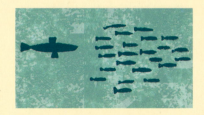

① となりの魚とぶつからないように泳ぐ。

② となりの魚がはなれていくなら、そちらに泳ぐ。

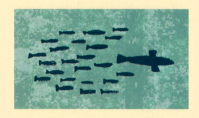

③ 近くの魚たちがちょうどよい距離にいるなら、みんなと同じ方向に泳ぐ。

サバンナにそびえる土のタワー

生き物の巨大建築

人の背たけの3倍もある土のタワー。
いったいこれは何？
だれがこんなものをつくったのだろう。
この建物を調べた結果、
びっくりすることがわかったよ。

カセドラルシロアリ（オーストラリア）
（ゴキブリ目シロアリ科）

オーストラリア北部のかわいた土地にすむカセドラルシロアリ（聖堂シロアリ）。大きな群れになると、高さ6mにもなるアリ塚をつくり、200万びきものシロアリが集団で暮らしている。

5章 | 生き物 | 111

土のタワーは、シロアリがつくった天然エアコン付き超高層ビルだった!

——オオキノコシロアリ（ゴキブリ目シロアリ科）

シロアリ*のなかまは、すごうでの建築家集団です。右の絵はアフリカの乾燥地帯にすむオオキノコシロアリがつくる塚（小さな山）です。この塚も高さ6mになるものがあります。

シロアリの本当の巣は、塚の下のほうにあります。そこでシロアリたちは、キノコ（菌類）を育て、それをエサにして1ぴきの女王につぎつぎと卵を産ませ、大きな群れを養っているのです。（→108ページ）

塚はとてもかたくて、くずすにはチェーンソーが必要なほど。内部は通路やえんとつが複雑に走っています。そのため風通しがよく、キノコの栽培などで発生する熱や二酸化炭素をにがして、巣の環境を一定に保つつくりになっています。土のタワーは、いわば巣のエアコンの役目をしているのです。

キノコシロアリのなかまの巣の内部

白っぽい部分はキノコ

オオキノコシロアリの家族

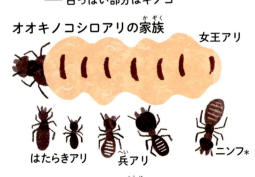

女王アリ／はたらきアリ／兵アリ／ニンフ*

＊ニンフは女王や王になる候補のアリ

オオキノコシロアリの塚の断面図

中央えんとつ／側えんとつ／塚／土のおおい／食物の倉庫／キノコの部屋／女王／王室／快適！／外への通路／土台／巣を支える柱

体長5mmのシロアリを人間の子どもの大きさにして比べると、その塚の高さはなんと地上1700m！ 東京スカイツリー3本分の高さに近い、巨大な建物に相当する。

用語解説 シロアリ●大きな群れをつくる昆虫のなかま。世界中に2000種類以上、日本では16種類ほどが見つかっている。女王アリ、はたらきアリ、兵アリなどの位があるが、アリよりもゴキブリに近い。

アリ塚ができるまで

巣の建設は、女王と王の2ひきが地中につくる小さな部屋から始まります。やがて卵からかえったはたらきアリたちが、子育ての部屋やキノコを栽培する部屋をつくります。女王はキノコを食べてひたすら卵を産み続けるのです。はたらきアリたちはふえ続け、さらに部屋やえんとつや通路などを増築していくのです。こうして4～5年もすると、立派なアリ塚ができ上がります。

塚づくりのカギをにぎるのは、女王が出すフェロモンという化学物質です。

はたらきアリたちは、女王のフェロモンにさそわれて泥を運び、ある一定の濃度の場所で泥を置くことをくり返して女王の部屋をつくります。ほかの場所も、はたらきアリが別のフェロモンを出し、それに反応して、泥を積むことをくり返し、ついには"エアコン付き超高層ビル"までつくってしまうのです。

それぞれのシロアリは刺激に反応しているだけですが、群れ全体を見ると、その活動は、まるで知能を持つ1つの生き物のようです。

① 女王と王のカップルが土の中に最初の王室をつくる。

② 卵からはたらきアリが生まれ、部屋を広くしていき、キノコを栽培する。女王はキノコを食べてどんどん産卵し、ほかのアリをふやす。

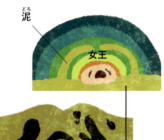

③ 運ばれてきた泥は、女王が出すフェロモンの決まった濃度の場所につぎつぎと積まれ、自動的に女王を守る部屋ができていく。

④ 王室を中心に、キノコの部屋などが広がり、外側にかたい壁とえんとつ、通路などがつくられる。

草を運んでいるところ。巣は草を編んでつくる。

木の上の巨大なマンション！
── シャカイハタオリ（スズメ目ハタオリドリ科／南アフリカ）

いちばん大きな鳥の巣

シャカイハタオリは、木や電柱の上に草を編んだ巨大な巣をつくります。集団の巣としては鳥の中で最大で、100以上のカップルが集まって利用できる巣もあり、世代をこえて使われます。

朝や夕には食べ物を探しに出かける。

真ん中にある部屋ほど、室温が安定していて快適。

1つひとつの穴が部屋になっていて、カップルが子育てをしたり、ねぐらとして使う。

砂ばくに出現した

花のじゅうたん

植物のいっせい開花

荒涼とした砂ばくが、
みるみるうちにピンク色に染まる。
かれんな花たちのじゅうたん。
いったいこの花は、
どこからやってきたのだろう。

デシエルト・フロリド（チリ）

南アメリカ大陸にあるチリのアタカマ砂ばくに、5〜7年に1度の割合でお花畑が出現する。デシエルト・フロリドとは、スペイン語で「花さく砂ばく」のこと。この現象が現れる間隔が、最近では2〜3年に1度と、だんだん短くなっている。そこには世界的な気候変動が関係しているらしい。

砂ばくにはたくさんの種がねむっていた！

アタカマ砂ばくでは、1年を通してほとんど雨が降ることがなく、草花もめったに見られません（写真上）。しかし、砂ばくに生きる植物の中には、種をかたいからに包み、発芽の条件が整うまでしんぼう強く待っているものがあります。発芽を止める物質が種を包んでいて、十分に雨が降ってその物質がとけ去って、はじめて成長のスイッチが入るというしくみです。

2015年はめずらしく3月に、一晩に7年分にもなる大雨が降り、8月にもハリケーンが砂ばくに雨を降らせました。この雨が、何年も土の中にうまっていた植物の種に成長のスイッチを入れたのです。

この年には、太平洋でエルニーニョ現象が起きていました。砂ばくにたくさん雨が降ったのも、その影響だと考えられています。

さいたのはゼニアオイのなかまが多く、ほかにも、数種類の花がさき乱れた。

お花畑はエルニーニョがつくった？

「エルニーニョ」とは、赤道付近の東風が弱くなり、南アメリカ大陸ペルー沖の海面水温が上昇する現象です。南アメリカ大陸の西側に雲を発生させ、アタカマ砂ばくにも雨を降らせます。

最近では、エルニーニョの発生する間隔が短くなり、砂ばくがお花畑になるデシエルト・フロリド現象がよく起こるようになりました。地球温暖化*が原因だという人もいます。

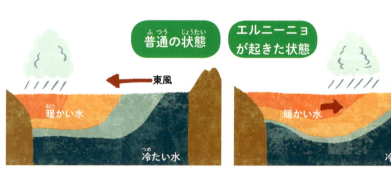

太平洋を赤道で切って、その切り口を南側から見た図。赤道の近くでは常に東風がふいている。エルニーニョのときは、いつもより東風が弱くなって、南アメリカ大陸近くの海が暖かくなる。すると南アメリカ大陸近くに雲が発生しやすくなり、アタカマ砂ばくにも雨が降るようになる。

用語解説 **地球温暖化**●地球全体の平均気温がだんだん上昇すること。実際には100年あたり約0.7度の割合で上昇している。人類が石油などの化石燃料を使うことにより、二酸化炭素などの地球を暖めるガスが増えたのが原因とされている。

日本で見られる！ふしぎなお花畑！

日本にはたくさんの植物が生きています。花をさかせる時期や場所もさまざまで、それぞれに適した生活をしています。

北海道 黒松内町

春の妖精
スプリングエフェメラル
カタクリ（ユリ目ユリ科）

スプリングエフェメラルとは「春のはかないもの」という意味で、春にまっ先に花をさかせ、夏には姿を消してしまう植物たちのこと。

カタクリは雑木林の斜面に生え、1年のほとんどは球根（鱗茎）としてねむる。春に発芽すると小さな葉を広げ、周囲の木がしげる5月過ぎにはもう葉を落とす。こうして日光が届くわずかな間に、すばやく栄養を球根にため、次の春を待つ。

これを毎年くり返し、球根が十分に育つと、春先にかれんな花を一面にさかせる。そして種をつくり子孫をふやす。

水中にもお花畑があった！
沈水植物
バイカモ（キンポウゲ目キンポウゲ科）

バイカモの花の時期は、日差しの強い6〜8月ごろ。白いかわいい花を、すんだ水の流れの中に、まき散らしたようにさかせる。

葉は糸のように細くのび、水底に長い茎をはわせて、流れに身を任せてふえる。

水草は、水中で光合成*を行う。スイレンなどが生えない、岸から少しはなれた流れに生えているのは、ほかの植物の葉にさえぎられず十分に日光を浴びるため。

白色の花びらを5枚つけた約1.5cmの、ウメのような形の花をさかせる。

滋賀県 米原市 醒井

用語解説 光合成●植物が葉などにある葉緑体で、日光、水、二酸化炭素を使い栄養分（でんぷん）をつくること。

太陽系の外を探検中の宇宙船が、不時着した見知らぬ惑星。

ふしぎな島の ふしぎな樹木

環境と樹形

そこには……、というような場面を思いうかべてしまうほど、奇妙な形の樹木を発見。いったい、ここはどこ？

ソコトラ島のリュウケツジュ（イエメン）

ドラゴン（ブラッド）ツリーともよばれ、ソコトラ島では標高600〜800mあたりの高地に、かさを広げたキノコのような形で群生している。ぐねぐねと密集した枝の先に幅3cm長さ60cmくらいの細長い葉を空に向けて広げる。かさの直径（樹冠）は10mくらい、高さも10mくらい。

くねくねした枝と葉で水を集めていた！

インド洋にうかぶソコトラ島は砂ばく気候なのに、なぜリュウケツジュのような大きな植物が育つのか。そのひみつは、ふしぎな木の形にあります。

じつは、かさを広げたような枝や葉で、高原に発生する朝霧を集め、幹を伝わせて根元に水を送っているのです。枝がくねくねと密集しているのは、風通しを悪くして枝を伝わる水の蒸発を防ぎ、同時に根元にかげをつくって、地面がかわくのを防いでいるのです。

太った幹も乾燥をたえぬく姿

太った幹をポンポンと手でたたくと、タプタプと音がします。このふしぎな形の植物は、乾燥地帯を生き残るために、幹に水をためているのです。このような植物はボトルツリーとよばれ、ソコトラ島には3種類生えています。この写真は「砂ばくのバラ」ともよばれているボトルツリーです。

リュウケツジュの名の由来

漢字では「竜血樹」と書き、幹を傷つけるとドロっと赤黒い樹液が出てきます。固めた樹液は血止め・痛み止めの薬や塗料などになります。

幹からしみ出した樹液。

ソコトラ島はこんな島！

ソコトラ島はイエメンに属し、アラビア半島の南約300kmに位置している。年間の雨量は250mmと東京の6分の1くらい。

島の植物900種のうち300種がこの島にしかない種（固有種）で、世界自然遺産に登録されている。「インド洋のガラパゴス」ともよばれている。

世界のおかしな樹木絶景

生き物は長い年月をかけて、環境に応じた姿に自分を変えてきました。ここでは、ふしぎな形の樹木を紹介します。

ガジュマル
（カンボジア・アンコール遺跡）（写真下）

熱帯雨林では、暗い森で日光や水をうばい合った結果、ふしぎな姿に成長した植物が見られる。これは、ガジュマルのなかまのしめ殺し植物*。遺跡をおしつぶしていた大木をまるごと包みこんでいる。鳥のふんに混じっていた種が大木のさけ目などに落ちて発芽し、たくさんの根が巻きついてこの姿になった。

バオバブ
（マダガスカル・マダガスカル島）

サン＝テグジュペリの有名な童話『星の王子さま』にも登場する巨木。実際にはアフリカ大陸の東にあるマダガスカル島など、サバンナとよばれる乾燥地帯に生えている。根は 50 m四方にのび、高さは 30mもあって、樹齢 2000 年にもなる巨木もある。直径 10 mの幹には、10t もの水をたくわえているといわれる。

サキシマスオウノキ
（日本・西表島）

日光を求めて高くのびても、根でしっかり支えなければ、木はたおれてしまう。ところが熱帯雨林の土は浅くて流れやすく、なかなか地中深くまで根を張れない。このサキシマスオウノキは、くねくねと板のような根（板根）を広げることで、たおれそうになる木を支えている。

樹木のからだと役割

樹木の各部分は、生きている環境によって、いろいろな形に変化したり、特別な役割をもつようになったりします。

根 土から水分や養分を吸い上げ、からだを支える。

葉 光合成（→ 117 ページ）で栄養分（でんぷん）をつくる。蒸散*や呼吸をする。

幹 根と葉をつなぎ、根から水分を、葉から栄養分を全体に運ぶ。

枝 幹が何本かに分かれ、先端に葉や花をつける。

花 虫や風などの力を借りて実をつけ、種をつくる。

用語解説 しめ殺し植物●暗いジャングルの中で、日光と水を求め木に巻きついて成長するつる性の植物。いろいろな種類があり、元の木を実際にからしてしまうものもある。

蒸散●植物がからだの水分や温度を調節するために、おもに葉の裏にある気孔という穴から水蒸気を外に出すこと。

自然界の

発光する
生き物

ひんやりと暗い大きな洞くつ。
声をひそめて静かに降りていくと……。
まるで、宝石をちりばめたような
おとぎ話の世界。
こんなに美しい飾り付けをしたのは、
いったいだれ？

イルミネーション

ワイトモ洞くつ（ニュージーランド）

ニュージーランド北島のワイカト地方にある鍾乳洞。「ワイトモ」とは、先住民族マオリの言葉で、「水が流れこむ洞くつ」という意味。2千万年以上もかけてできた石灰岩を、地下水の流れがとかしてできた。そこには、青い光を放つ、ある生き物がすんでいる。

| 5章 | 生き物 | 123

美しい光は危険なワナだった…

洞くつの天井をよく見ると、ねばり気のある玉を連ねた無数の糸が垂れ下がっています。糸には、尾のはしが青く光る、ミミズのような虫。これは、ヒカリキノコバエというハエの幼虫。

英語でグローワーム（かがやく虫）ともよばれています。

からだから出す青い光で小さな虫をおびき寄せ、周囲に張りめぐらした糸の粘液で、からめとって食べるのです。

光る幼虫は、3cmくらいまで育つ。粘液の糸は、2cmくらいから、長いと40cmにもなる。

成虫は大きな力のよう。口がなく、何も食べずに繁殖（→108ページ）だけ行う。

光を出すしくみ

光る生き物の多くは、ルシフェリン・ルシフェラーゼ反応という化学反応で、光をつくります。物質がもつ化学エネルギーを効率よく光エネルギーに変換するので、ほとんど熱が出ません。そのため、「冷たい光」とよばれます。

光を出す生き物には、化学物質を自分でつくり出し自己発光するものと、からだの中に光を出すバクテリアをすまわせて、共生発光するものとがいます。

自己発光する生き物
ホタル、ハダカイワシ、ヤコウチュウ、ヒカリキノコバエ（幼虫）、ウミホタルなど

共生発光する生き物
チョウチンアンコウ、マツカサウオ、ヒカリキンメダイ、ホタルジャコなど

ホタルイカ

海岸が青く光る「ホタルイカの身投げ」（富山県）が有名。敵が下から見上げると、かげが黒く目立つので、腹のほうを光らせて、かげを消していると考えられている。日本海や東日本の太平洋沿岸にすみ、長さ7cmくらい。

富山県

日本でも見られる！
光る生き物絶景

南北に長い日本列島には、数多くの生き物がくらしています。発光生物の多くは深海にすんでいますが、ここでは、陸上や海岸で、身近に見られる発光生物を紹介します。

兵庫県　写真はヒメボタルの生息地。

ゲンジボタル

オスが規則的に点めつしながら飛ぶと、メスは葉の上で不規則にポワーっと光り、近くのオスに合図をする。交尾の相手を探すために光を使っている。日本を代表するホタルで、体長10〜16mm。

ツキヨタケ

かさの裏側の白いヒダがボーっと光る。胞子を飛ばすために光で虫を集めるという説がある一方、光ることに理由はないという説もある。かさの直径は10〜25cm。夏から秋にかれた広葉樹に生える毒キノコ。

写真はモルディブの海岸。

ヤコウチュウ

光るつぶの正体は、世界中の海にいる直径1〜2mmくらいのプランクトン。光る目的ははっきりわかっていない。敵におそわれそうになったときに、SOS信号のように光を出して、敵の敵に助けを求めていると考える人もいる。

青森県

5章　生き物　125

[さくいん]

あ〜お

- アーチ雲　82
- ISS（国際宇宙ステーション）　12,39
- アイスランド式噴火　9
- アイスバブル　87
- 青い水　74
- 青ヶ島　12
- 青の洞くつ　77
- 阿寒湖　85,86
- 阿蘇カルデラ　13
- アタカマ砂ばく　115,116
- 暖かい空気　82,83,90,91
- アブラハム湖　87
- 天の川　48,49,50,51
- あられ　83
- アリ塚　111,113
- アレッチ氷河　69
- 暗黒星雲　49
- アンデス山脈　71,72
- アンモナイト　29
- イエローストーン国立公園　15,16
- イオンの尾　46
- 生き物の巨大建築　111
- イグアスの滝　63,64,65
- 胃腔　104
- いっせい開花　115
- 1光年　51
- イルティシ川　60
- イワシの群れ　109
- いん石　41,42,43
- 引力　56
- うず潮　57
- 内かさ　97,98
- ウミガメ　105,108
- ウミホタル　124
- ウユニ塩湖　71,72,73
- 映日　99
- 枝　86,119,120,121
- エッジワース・カイパーベルト　46
- エトナ山　8
- エビのしっぽ　86
- エルニーニョ現象　116
- 塩原　72
- 塩湖　71,72,73
- エンジェル・フォール　65
- 遠心力　56
- 塩水　72,73
- えんとつ　112,113
- 塩分濃度　73
- 王　112,113
- 王室　112,113
- オオカバマダラ　107,109
- オオキノコシロアリ　112
- オオキノコシロアリの家族　112
- オオキノコシロアリの塚　112
- 大潮　56,57
- 大津海岸　87
- オールトの雲　46
- オールドフェイスフルガイザー　16
- オーロラ　36,37,38,39
- オグロヌー　107,108
- オリオン腕　51
- 温泉　15,16,17,85
- 温泉藻　16,17

か〜こ

- カール　69
- かいき日食　33,34,35
- 海しょう　57
- 海食洞　21
- 下位しんきろう　91
- 外輪山　12,13,85
- 火球　47
- 核　46
- 下弦の月　56
- 河口　61
- 花こう岩　77
- 下降気流　81,82,83
- 火砕物　8,9
- 火砕流　8,9
- 火山　7,8
- 火山岩　16,20
- 火山弾　8
- 火山島　105
- 火山灰　8,9,11,12
- 火山雷　8
- ガジュマル　121
- ガストフロント　82
- 化石　28,29
- カセドラルシロアリ　111
- カタクリ　117
- 褐虫藻　104
- 火道　8
- かなとこ雲　82
- かべ雲　82,83
- 雷　8,82
- 下流　60,61
- 軽石　8,9
- カルスト台地　24
- カルスト地形　23,24
- カルデラ　11,12,13
- カルデラ湖　12,85
- カルブコ山　9
- カレンフェルト　25
- 川のはたらき　59,60
- 環境　118,121
- 間欠泉　16,17
- 環礁　105
- 環水平アーク　98
- 干潮　56
- 環天頂アーク　98
- カンブリア紀　28
- かん没カルデラ　12
- 気温　86
- キノコ　112,125
- キノコの部屋　112
- 擬本影　34
- キャニオン・ディアブロいん石　42
- 吸収　76,77
- 共生発光　124
- 恐竜の絶滅　43
- 裾礁　105
- 清津峡　61
- キラウエア山　9
- 霧虹　95
- 銀河系　50
- 金環日食　34
- 空気の層　90,91
- 屈折　91,94,95,98
- グラン・セノーテ　23,24
- グランドキャニオン　27,28,59,60
- グランドプリズマティックスプリング　15,16
- クリスマスアカガニ　107,109
- 車石　21
- クレーター　41,42,43
- グレート・ブルーホール　75
- グローワーム　124
- 月虹　95
- 結晶　24,72,98,99
- 月食　32,35
- 幻日　97,98
- 幻日環　98
- ゲンジボタル　125
- 玄武岩　21,64,65
- 玄武洞　21
- 光合成　104,117
- 恒星　34,50
- 光柱　99
- 公転　46
- 鉱物　73
- 光輪　95
- 氷　83,84,86,87,96,98,99
- 氷の結晶　86,98
- ゴールデンジェリーフィッシュ　106,108
- 国際宇宙ステーション（ISS）　12,39
- 小潮　56
- 骨格　104
- ゴッシズ・ブラフ　43
- コフラミンゴ　106,108
- コマ　46
- 固有種　120
- コロナ　34
- コロラド川　27,28,60
- コンドライト　42

さ〜そ

- 蔵王山　86
- サキシマスオウノキ　121
- 砂丘　77
- 桜島　7,8
- 砂し　61
- 砂州　61
- 砂ばく気候　120
- サバクトビバッタ　107,109
- 砂れき　8
- 三角州　61
- 酸化鉄　29
- サンゴ礁　75,76,102,103,104,105
- サンゴの産卵　104
- 酸素　39
- サントリーニカルデラ　13
- サントリーニ島　13
- サンピラー　99
- サン・マロ湾　55
- 潮の満ち引き　55
- 死海　73
- 自己発光　124
- 磁石　38
- 磁場　38,39
- しぶんぎ座流星群　47
- しめ殺し植物　121
- 霜　86
- ジャイアンツコーズウェイ　20
- シャカイハタオリ　113
- しゅう曲　29
- 重力　60
- ジュエリーアイス　87
- 樹形　118
- 主虹　94,95
- 樹木のからだと役割　121
- ジュラシック・コースト　29
- 上位しんきろう　90
- 上弦の月　56
- 蒸散　121
- 礁斜面　104
- 上昇気流　82,83
- 礁池　105
- 鍾乳石　24
- 鍾乳洞　24,76
- 上流　61
- 礁嶺　104
- 小惑星帯　42
- 女王　112,113
- 触手　104
- 食物連鎖　43
- 白糸の滝　65
- 磁力線　38
- シロアリ　111,112,113
- しんきろう　88,89,90,91
- 新月　56
- 侵食　28,61
- 神話　36
- 水蒸気　16,86
- すい星　44,45,46,47
- すい星の尾　46
- スイフト・タットルすい星　47
- スヴァルティフォス　65
- スーパーセル　80,81,82,83
- ストロンボリ式噴火　8
- スノーモンスター　86
- スプリングエフェメラル　117
- 静電気　8
- 石英　76,77
- 潟湖　61
- 石筍　24

石炭紀	28
石柱	24
積乱雲	82,83
石林	25
石灰華段	24,25,65
石灰岩	24,25,76
ゼニアオイ	116
セノーテ	24
先カンブリア時代	28
千畳敷カール	69
扇状地	17,61
造山運動	29,72
造礁サンゴ	104
藻類	16
ソコトラ島	119,120
ソシエテ諸島	103,105
外かさ	98

た〜と

ダーウィン	105
ターナゲイン・アーム	57
大気	38,96,98
堆積	28
堆積岩	20,27,28
台地	64
ダイヤモンドダスト	99
ダイヤモンドリング	35
太陽	32,33,34,35,56
太陽系	51
太陽柱	99
太陽風	38
ダウンバースト	81,82
高千穂峡	21
滝	62,63,64,65
滝つぼ	64,65
蛇行	60,61
ダストの尾	46
畳石	21
竜巻	80,82,83
タワーカルスト	25
タンジェントアーク	98
短周期すい星	46
断層	29
チェリャビンスク	42
チェリャビンスクいん石	42
地球	34,35,37,38,56
地球温暖化	116
チクシュルーブ・クレーター	43
地層	11,16,28,29,64,65
ちっ素	39
地熱発電	17
中央火口丘	12,13
柱状節理	18,20,21,65
中生代	29
中流	61
超巨大噴火	13,15
長周期すい星	46
張掖七彩丹霞景区	29
チョウチンアンコウ	124
直進	91
沈水植物	117
沈殿	24
月	34,35,56
ツキヨタケ	125
ツパイ島	105
冷たい空気	82,83,90,91,98
冷たい光	124
つらら状鍾乳石	24
低気圧	82,83
デシエルト・フロリド	115,116
デビルズタワー	19,20
テプイ	65
デボン紀	28
天体	42,46,50
土星のオーロラ	39
富山湾	90
ドリーネ	24,76

な〜の

ナトロン湖	73
七ツ釜	21
鳴門海峡	57
にげ水	91
虹	93,94,95
二重の虹	94
日食	32,34
根	121
熱水	16,17
野付半島	61

は〜ほ

葉	117,119,120,121
灰	8
バイカモ	117
バオバブ	121
白亜紀	20,29
バクテリア（細菌）	16,124
ハダカイワシ	124
パタゴニア	67,69
はたらきアリ	112,113
発芽	116
白虹	95
発光する生き物	122
発光生物	125
花	115,116,117,121
パムッカレ	25
バリンジャー・クレーター	40
バルジ	50,51
バルダルブンガ山	9
ハロ	97
ハロン湾	25
ハワイ式噴火	9
半影	34,35
板根	121
反射	76,77,91,94,95,98,99
繁殖	108,124
干潟	56
光	96,98
ヒカリキノコバエ	124
ヒカリキンメダイ	124
光の進み方	91
ビクトリアの滝	65
微生物	73
ヒマラヤ山脈	29
百畳敷洞窟	87
ひょう	82,83
氷河	67,68,69
氷河湖	69
氷山	68
氷筍	87
ピングアルイト	43
V字谷	61
フィヨルド	69
風化	28
フェートン小惑星	47
フェニックスしゅう曲	29
フェロモン	113
副虹	94,95
ふたご座流星群	47
部分日食	33,34,35
フライガイザー	17
プラズマ	38,39
プランクトン	104,125
プリズム	94,98
プリトヴィッツェ	65
プリニー式噴火	9
浮力	73
ブルーホール	75,76
ブルーラグーン	17
ブルカノ式噴火	8
プレート	9,72
フロストフラワー	85,86
ブロッケン現象	95
プロミネンス	34
噴煙	7,8,9
噴煙柱	8,9
噴火	7,8,9,12,13
噴気孔	16
ペイトレイク	69
ヘールボップすい星	46
別府温泉	17
ペリト・モレノ氷河	67,68
ペルー沖	116
ペルセウス座流星群	47
ペルム紀	25,28
棒うずまき銀河	51
放電	8
ホースシュー・ベンド	59,60
ボールズピラミッド	13
堡礁	105
ポストイナ鍾乳洞	24
ホタル	124
ホタルイカ	125
ホタルジャコ	124
ボトルツリー	120
ボラボラ島	103,105
ポリネシア	103
ポリプ	104
ホルン	69
本影	34,35

ま〜も

マイワシ	109
マグマ	7,8,9,12,13,16,18,20
マグマだまり	8,15
マツカサウオ	124
マックノートすい星	45,46
マッターホルン	69
満月	56
満潮	56
マントル	8
三日月湖	60,61
幹	121
ミシシッピデルタ	61
水	86
水草	117
御勅使川	61
密度	90
群れ	107,108,109
群れをつくる理由	106
メソサイクロン	82
メタンガス	87
モーレア島	105
藻場	105
モレーン	69
モン・サン・ミシェル	55,56

や〜よ

ヤコウチュウ	124,125
U字谷	69
雪	84,86
溶岩	8,9,12,13,64,65
溶岩台地	65
溶岩ドーム	8
溶岩噴泉	8
溶岩流	8
ヨーロッパアルプス	69

ら〜ろ・わ

ラグーナ・ベルデ	73
乱反射	77
リーセフィヨルド	69
陸けい島	61
隆起	25,28,29,64
リュウケツジュ	119,120
流星	44,47
流星群	47
リンジャニカルデラ	11
ルシフェリン・ルシフェラーゼ反応	124
レンソイス砂丘	77
ろうと状の雲	83
六角形	20,72,98
六角柱氷晶	98
六角板氷晶	98,99
ロンボク島	11
ワイトモ洞くつ	123

```
NDC   （地球科学、地学）
450
監修　神奈川県立 生命の星・地球博物館
理科が楽しくなる大自然のふしぎ
絶景ビジュアル図鑑
学研プラス　2018　128ページ　31cm
ISBN978-4-05-501245-4　C8040
```

Calvin Bradshaw (calvinbradshaw.com)

監修

神奈川県立 生命の星・地球博物館

〒250-0031　神奈川県小田原市入生田499
電話 0465-21-1515　ファックス 0465-23-8846
http://nh.kanagawa-museum.jp/

石浜 佐栄子　（地質学・堆積学）
大西 亘　　　（植物分類学・進化生態学）
折原 貴道　　（菌類系統分類学）
笠間 友博　　（地質学・火山灰層序学）
加藤 ゆき　　（鳥類学・動物生態学）
苅部 治紀　　（昆虫分類学）
佐藤 武宏　　（貝類学・甲殻類学・機能形態学）
瀬能 宏　　　（魚類分類学・生物地理学・保全生物学）
新井田 秀一　（地球環境・人工衛星画像解析）
広谷 浩子　　（動物生態学・霊長類学）
山下 浩之　　（地質学・岩石学・実験岩石学）
渡辺 恭平　　（昆虫系統分類学・昆虫地理学・多様性情報学）
（五十音順）

京都大学大学院　人間・環境学研究科
金尾 太輔　　（昆虫学）

編・著
市村均、内藤祐子（きんずオフィス）

装丁・本文デザイン
阿部美樹子

本文イラスト・図版
オビカカズミ、株式会社アート工房、内藤祐子、今﨑和広

DTP
株式会社明昌堂　データ管理コード：24-2031-2893（CC2017/2022）

校正
木村紳一、須郷和恵、東正道、佐野秀好

写真協力

アマナイメージズ　P91（下位蜃気楼）、P107 右上、P112、P116 下、
　P124 右下、P125 下（日中と夜間のツキヨタケ）
フォトライブラリー　P17 左上、P20 上・右下、P21、P69 右上・左上・中、
　P86 上、P90 下（富山湾）、P121 右下、P117 右下、P125 右上・左上
ロイター/アフロ　P42（湖から引き上げられた隕石）
AP/アフロ　P42（隕石落下の連続写真）
Science Photo Library / アフロ　p42（チェリャビンスク隕石）
その他の出典は写真そばに記載
上記以外の、記載のないものはすべてアフロ

参考文献（五十音順）

「週刊朝日百科 植物の世界」（朝日新聞出版）
「週刊朝日百科 動物たちの地球」（朝日新聞出版）
「岩波科学ライブラリー オーロラ!」片岡龍峰（岩波書店）
「岩波科学ライブラリー シロアリ」松浦健二（岩波書店）
「アニマ 91 号 1980 年 10 月 特集シロアリ（地下王国の住人たち）
サバンナの巨大なアリ塚」T・G・ウッド　訳＝松本忠夫（平凡社）
「社会性昆虫の進化生物学」東正剛・辻和希（海游社）
「スーパーセル 恐ろしくも美しい竜巻の驚異」
マイク・ホリングスヘッド、エリック・グエン（国書刊行会）
「図説 滝と人間の歴史」ブライアン・J.ハドソン（原書房）
「生物にとって自己組織化とは何か - 群れの形成メカニズム -」Scott Camazine（海游社）
「世界植物記 アフリカ・南アメリカ編」木原浩（平凡社）
「水滴と氷晶がつくりだす空の虹色ハンドブック」池田圭一・服部貴昭（文一総合出版）
「地形を見る目」池田宏（古今書院）
「大自然が創りだした奇観の地球」山賀進（学研プラス）
「なるほどナットク自然現象 1　日食・月食・オーロラ」（学研プラス）
「なるほどナットク自然現象 2　彗星・惑星・星の誕生」（学研プラス）
「なるほどナットク自然現象 3　台風・雷・虹」（学研プラス）
「なるほどナットク自然現象 4　噴火・地震・津波」（学研プラス）
「なるほどナットク自然現象 5　侵食・流氷・水の色」（学研プラス）
「日本の地形・地質」北中康文・斎藤眞・下司信夫・渡辺真人（文一総合出版）
「ニューステージ新地学図表」（浜島書店）
「はじめての気象学」田中博・伊賀啓太（放送大学教育振興会）
「発光生物のふしぎ」近江谷克裕（SBクリエイティブ）
「ビジュアル理科事典」（学研プラス）
「群れのルール」ピーター・ミラー（東洋経済新報社）
「雪と氷の疑問 60」日本雪氷学会編（成山堂書店）

参考サイト

国立天文台　https://www.nao.ac.jp/
宇宙航空研究開発機構　http://www.jaxa.jp/
気象庁　http://www.jma.go.jp/
産業技術総合研究所　http://www.aist.go.jp/
ジャパンナレッジ　http://japanknowledge.com/
アストロアーツ　http://www.astroarts.co.jp/
アメリカ航空宇宙局　https://www.nasa.gov/
スミソニアン博物館　https://www.si.edu/　　ほか

理科が楽しくなる大自然のふしぎ
絶景ビジュアル図鑑

2018 年 2 月 15 日　第 1 刷発行
2025 年 3 月 5 日　第 6 刷発行

発行人　　川畑　勝
編集人　　志村俊幸
編集長　　高橋敏広
編集担当　遠藤　愛
発行所　　株式会社Gakken
　　　　　〒141-8416　東京都品川区西五反田 2-11-8
印刷所　　株式会社 広済堂ネクスト
製本所　　株式会社 難波製本

●この本に関する各種お問い合わせ先
本の内容については　下記サイトのお問い合わせフォームよりお願いします。
https://www.corp-gakken.co.jp/contact/
在庫については　Tel 03-6431-1197（販売部直通）
不良品（落丁、乱丁）については　Tel 0570-000577
学研業務センター　〒354-0045 埼玉県入間郡三芳町上富 279-1
上記以外のお問い合わせは　Tel 0570-056-710（学研グループ総合案内）
© Gakken
本書の無断転載、複製、複写（コピー）、翻訳を禁じます。
本書を代行業者等の第三者に依頼してスキャンやデジタル化することは、
たとえ個人や家庭内の利用であっても、著作権法上、認められておりません。
学研グループの書籍・雑誌についての新刊情報・詳細情報は、下記をご覧ください。
学研出版サイト http://hon.gakken.jp/

教科書の単元との対応表

分野	単元		関連ページ	
生命	植物の発芽	小学5年	植物のいっせい開花	p114
	植物の体のつくりとはたらき	中学1年	植物のいっせい開花	p114
			環境と樹形	p118
	生物どうしの関わり	小学6年	サンゴ礁の世界	p102
	生物と地球環境	小学6年	群れをつくる理由	p106
	動物のなかま	中学2年	生き物の巨大建築	p110
	生物どうしのつながり	中学3年	発光する生き物	p122
地球	天気の変化	小学5年	スーパーセルと竜巻	p80
	大気中の水蒸気の変化	中学2年	氷と雪の現象	p84
			大気中の氷と光の現象	p96
	流れる水のはたらき	小学5年	堆積岩がつくる景色	p26
	地層	中学1年	川のはたらき	p58
			滝のひみつ	p62
			氷河の力	p66
			塩湖のふしぎ	p70
			青い水のひみつ	p74
	土地のつくりと変化	小学6年	火山と噴火	p6
	火山	中学1年	火口とカルデラ	p10
	大地の変動	中学1年	温泉のふしぎ	p14
			柱状節理とマグマ	p18
	自然環境と人間のかかわり	中学3年	温泉のふしぎ	p14
	月と太陽	小学6年	日食と月食	p32
	月と惑星の運動	中学3年	潮の満ち引き	p54
	太陽系と銀河系	中学3年	オーロラのしくみ	p36
			クレーターといん石	p40
			すい星と流星	p44
			天の川の正体	p48
物質	すがたをかえる水	小学4年	氷と雪の現象	p84
	物質の状態変化	中学1年		
	もののとけ方	小学5年	塩湖のふしぎ	p70
	水溶液	中学1年		
	酸・アルカリとイオン	中学3年	温泉のふしぎ	p14
			カルスト地形	p22
エネルギー	光の性質	中学1年	青い水のひみつ	p74
			しんきろうのふしぎ	p88
			虹のしくみ	p92
			大気中の氷と光の現象	p96
	力と圧力	中学1年	塩湖のふしぎ	p70

※単元名は「大日本図書版」を参考